Ranju Pandey

Mini Grid

Ranju Pandey

Mini Grid

Mikro-hydroskop połączony Mini-siatka

Wydawnictwo Bezkresy Wiedzy

Imprint

Cover image: www.ingimage.com

This book is a translation from the original published under ISBN 978-3-639-86398-7.

Publisher:
Wydawnictwo Bezkresy Wiedzy
is a trademark of
Dodo Books Indian Ocean Ltd., member of the OmniScriptum S.R.L Publishing group
str. A.Russo 15, of. 61, Chisinau-2068, Republic of Moldova Europe
Printed at: see last page
ISBN: 978-620-2-44850-5

Mini Grid

Spis treści

Lista rysunków

Wykaz tabeli

Wykaz załącznika

Lista skrótów

ACSR	Aluminiowy przewodnik stalowy wzmocniony
AEPC	Centrum Promocji Energii Alternatywnej
CO	Organizacja Wspólnoty
CEF	Wspólnotowy Fundusz Energetyczny
CFL	Lampy fluorescencyjne kompaktowe
DC	Współpraca na rzecz rozwoju
DDC	Okręgowy Komitet Rozwoju
DAAD	Niemiecki Akademicki Serwis Wymiany
ESAP	Program pomocy w sektorze energetycznym
GTZ	Towarzystwo Współpracy Technicznej
HHs	Gospodarstwa domowe
IPP	Niezależny producent energii elektrycznej
IRR	Wewnętrzna stopa zwrotu (Internal Rate of Return)
MHP	Mikroro-rośliny wodne
NEA	Nepal Electricity Authority
ORGANIZACJA POZARZĄDOWA	Organizacja pozarządowa
NHP	Nepal Hydro Power
NPV	Wartość bieżąca netto
NPM	Krajowy Kierownik Programu
PPA	Umowa o zakup energii elektrycznej
PV	Photovoltaic
PLC	Programowalny sterownik obciążenia
RET	Wiejska technologia energetyczna
ROR	Ucieczka z rzeki
REDP	Program rozwoju energetyki wiejskiej
REA	Doradca ds. energii obszarów wiejskich
SCADA	Kontrola nadzorcza i pozyskiwanie danych
SHPP	Mały projekt promocji energetyki wodnej
UNDP	Program Narodów Zjednoczonych ds. Rozwoju
VDC	Komitet ds. rozwoju wsi
VC	Wrażliwa Wspólnota

Lista jednostek

%	Procent
NRs	Nepalskie rupiecie
Km	Kilometr
Km/godz.	Kilometr na godzinę
kV	Kilo Volt
AVR	Automatyczny regulator napięcia
kW	Kilowat
KWh	Kilowatogodzina
Lit/sek	Litry na sekundę
M	Liczniki
M3	Miernik sześcienny
NRs	Nepalskie rupiecie
Pf	Współczynnik mocy

Kurs wymiany walut:

1 Euro = NRs 95,86

1 US $ = NRs 74,80

Na dzień 22 sierpnia 2010 r. przez Nepal Rastra Bank

Źródło: *http://www.nrb.org.np/fxmexchangerate1.php?YY=MM=DD = 2010.08.22*

Podziękowanie

Chciałbym wyrazić moją serdeczną wdzięczność dla DAAD za przyznanie mi stypendium na studia wyższe na Uniwersytecie we Flensburgu w Niemczech. Szczególne podziękowania kieruję do moich przełożonych - Dipl-Ing Wulf Boie i Prof. Dr. Augusta Schläpfera za ich wskazówki, opinie i cenne sugestie. Serdeczne podziękowania kieruję do innych profesorów mojej uczelni, którzy zachęcali mnie i prowadzili w czasie studiów na uczelni.

Pragnę wyrazić moją szczerą wdzięczność dla Wiejskiego Programu Rozwoju Energetyki (REDP) w Nepalu za umożliwienie mi prowadzenia prac badawczych. Szczególne uznanie należy się panu Kiran Man Singh, (NPM REDP) za bycie moim lokalnym przełożonym. Chciałbym podziękować panu Bhupendrze Shakya za jego cenny czas i wskazówki. Podziękowania dla pani Tary Devi Shrestha (REA) za jej wielką pomoc i wsparcie podczas mojego okresu badań. Chciałbym również pamiętać o panu Surya Sapkocie (oficerze planistycznym) i panu Premie Pokhrelu z AEPC za dostarczenie mi cennej sugestii i odpowiednich dokumentów do mojej nauki. Dzięki, panienko. Manjari Shrestha z GTZ/SSPP Nepal za dostarczenie niezbędnych dokumentów.

Chciałbym również wyrazić uznanie dla zespołu DDC: District Energy and Environment Sector Baglung za dostarczenie mi niezbędnych informacji związanych z projektami i zorganizowanie wizyty terenowej w obszarze badawczym. Jestem wdzięczny wszystkim użytkownikom MHP, mieszkańcom wsi, operatorom i menedżerom MHP za dostarczenie cennych informacji w czasie trwania badania i za ich wspaniałą reakcję.

Chciałbym wyrazić miłość do mojej rodziny i przyjaciół za ich wsparcie i zachętę. Moja serdeczna miłość idzie do mojej ukochanej matki, która dała mi bezwarunkową miłość i uczucie. Chciałabym pamiętać o moim drogim ukochanym mężu, Lokendrze Singh Badal, za jego bezwarunkową miłość, zachętę i wsparcie na każdym kroku tego okresu w moim życiu.

Streszczenie

Nepal jest krajem śródlądowym, położonym na południu Azji, na kolanach pasma Himalajów. Kraj ten jest obdarzony ogromnym potencjałem energii wodnej. Szacuje się, że Nepal posiada 43 000 MW potencjału hydroenergetycznego, który może być komercyjnie eksploatowany (Źródło: WECS, 2008 P 22). Obecny dostęp do energii elektrycznej jest ograniczony do zaledwie 40 % całkowitej populacji[1]. Niemożność wykorzystania dostępnych zasobów sprawia, że kraj jest nadal w dużym stopniu uzależniony od nieefektywnego źródła energii, jakim jest tradycyjne drewno opałowe. Niektóre z konsekwencji wykorzystania lasów opałowych to kilka problemów środowiskowych, takich jak erozja gleby i wylesianie w kilku częściach kraju. Podobnie, rosnący udział importowanych paliw kopalnych w zużyciu energii w obszarach miejskich kraju ma negatywny wpływ na gospodarkę krajową i środowisko naturalne.

Złe zarządzanie energią przez rząd doprowadziło do ograniczenia produkcji energii elektrycznej. Już zelektryfikowane obszary z krajową siecią energetyczną stoją nawet w obliczu niedoboru energii elektrycznej. Ludzie są narażeni na 12 godzin zrzucania ładunku, szczególnie w porze suchej z powodu braku dostaw energii elektrycznej (NEA, 2009, str. 1). W obecnej sytuacji niedoboru energii elektrycznej prawie trudno jest rządowi rozszerzyć sieć krajową na obszary niezelektryfikowane.

Zdecentralizowane technologie energetyczne, takie jak mikroelektrownie wodne, systemy solarne i biogazownie, dostarczają obecnie energię elektryczną na obszary wiejskie. Te technologie odnawialne okazały się najbardziej odpowiednie do zasilania obszarów wiejskich Nepalu.

Mikroinstalacje wodne pracujące w układzie izolowanym obsługują wiele odległych osiedli Nepalu. Ludność wiejska od ponad 2 dekad zużywa energię elektryczną wyłącznie do celów oświetleniowych. Obecna dostępność dróg do obszarów miejskich zwróciła uwagę mieszkańców wsi na wszelkie formy modernizacji, takie jak korzystanie z telewizji i innych urządzeń elektrycznych, których nie są w stanie wykorzystać ze względu na ograniczoną moc. Zapotrzebowanie tych ludzi na energię elektryczną rośnie, a ludzie na obszarach wiejskich zawsze potrzebują więcej energii.

W obecnej sytuacji niedoboru mocy w sieciach krajowych jest prawie niemożliwe, aby dostarczać energię elektryczną z sieci krajowych. Niezadowolenie mieszkańców wsi z wykorzystywania energii

[1] http://www.usaid.gov/our_work/environment/climate/country_nar/nepal.html (2010.06.28)

elektrycznej tylko do celów oświetleniowych zmusiło rząd do poszukiwania innych alternatyw. Efektywne wykorzystanie zdecentralizowanych technologii energetycznych może być opcją dla już zelektryfikowanych osiedli w celu uzyskania stosunkowo szybkiej ulgi od obecnego kryzysu energetycznego na poziomie lokalnym.

Wzajemne połączenie wszystkich mikroelektrowni wodnych jest jedną z możliwości, aby wiejska osada zelektryfikowana mogła stosunkowo szybko uzyskać ulgę w kryzysie energetycznym na poziomie lokalnym.

Badanie to jest studium przypadku przeprowadzonym w czterech sąsiadujących ze sobą VDC dzielnicy Baglung w Nepalu w celu oceny możliwości podłączenia istniejących mikro zasobów wodnych do sieci minigridowych. Obszary te mają wiele możliwości wykorzystania mikrowodociągów, a zdecentralizowane mikrowodociągi służą tym obszarom już od ponad 5 lat. Dlatego też opcja badania połączeń międzysystemowych mikrowodnych zwiększy niezawodność i współczynnik obciążenia elektrowni.

Okręg Baglung położony jest w górzystym regionie zachodniego Nepalu. Baglung słynie z małych strumieni i rzek. Większość powiatowych VDC na obszarach wiejskich została zelektryfikowana za pomocą odizolowanych MHP przy wsparciu finansowym REDP i ESAP. Niektóre części obszarów wiejskich, które znajdują się w pobliżu krajowych linii energetycznych, zostały zelektryfikowane za pomocą wspólnotowej elektryfikacji obszarów wiejskich z NEA. Dość trudny teren geograficzny sprawia, że niektóre obszary wiejskie potrzebują jeszcze kilku lat, aby mieć połączenie z siecią krajową. Zamiast energii elektrycznej z krajowej linii sieci energetycznej, niektórzy ludzie używają alternatywnych form energii. Wykorzystanie alternatywnych źródeł energii, takich jak system domków słonecznych i biogaz, jest również widoczne w dzielnicy.

Analiza przedstawiona w rozdziałach 3 i 4 przedstawia główne części badań. Rozdział trzeci podkreśla obecny status MHP, ich stan techniczny, kondycję finansową i zarządczą oraz sugeruje przydatność MHP do połączenia. Analiza wyników badań przeprowadzonych w gospodarstwach domowych i kwestionariuszach MHP znajduje się w rozdziale 3.

Centra obciążenia i produkcja energii elektrycznej nie są w większości przypadków skorelowane ze sobą w MEW. Mikroelektrownie wodne, które mają nadwyżkę mocy, nie mają obciążenia do wysłania mocy, a niektóre z niedoborem (mocy) nie mają więcej zasobów do eksploatacji. Istnieje zatem możliwość zintegrowania mocy ze wszystkich mikroelektrowni wodnych w celu zrównoważenia strony podaży i popytu. Przeprowadzono badanie danych godzinowych dotyczących zapotrzebowania na energię elektryczną. Zbadano również możliwości założenia nowego przedsiębiorstwa średniej wielkości. Zwiększa to współczynnik obciążenia całego systemu i zużycie energii w okresie wyłączenia. Ludność wiejska najbardziej skorzysta na niezawodnej energii elektrycznej z sieci.

W rozdziale 4 przeprowadzono badania techniczne i obliczenia finansowe dotyczące minigrady. Zarządzanie siecią minigridów jest jednym z głównych problemów, gdy wszystkie mikrohydrosy są zakładami zarządzanymi przez społeczność i budowanymi dla dobra mieszkańców wsi. W tej sekcji przedstawiono różne sposoby zarządzania.

Z analizy wynika, że linia przesyłowa 11KV jest wymagana do przesyłu 129 KW mocy w odległości 7,5 km. Do przesyłu wykorzystuje się trójfazowy, łasiowaty przewód ACSR i możliwość przesyłu większej mocy w razie potrzeby w najbliższej przyszłości. Synchronizacja napięcia i częstotliwości ma zasadnicze znaczenie dla stabilności systemu. Płytka ELC została zastąpiona płytką ELC opartą na sterowniku PLC, która w większej części robotyki posiada panel synchronizacyjny, system pomiarowy, system sterowania i komunikacji.

Podobnie w przypadku zarządzania siecią minigrydową wraz z mikroelektrowniami wodnymi proponuje się różne metody zarządzania na szczeblu wspólnotowym. Wśród wszystkich tych opcji proponuje się model IPP. W tym przypadku transmisja i dystrybucja jest zarządzana przez jeden komitet zarządzający, a MHP jako narzędzie generujące jest zarządzane przez poprzedni komitet MHP.

Rozdział 4 dotyczy również analizy finansowej, w ramach której zbadano zapotrzebowanie finansowe na połączenie minigridowe. Analiza finansowa wykazała, że główny koszt budowy minigrata przypada na linie przesyłowe, płytę PLC i transformator. Z obliczeń wynika, że koszt przesyłu energii elektrycznej w sieci minigralnej wynosi 5,25 NR/ kWh. Jest ona wyższa niż obecna taryfa oferowana przez Nepal Electricity Authority (NEA) na rzecz elektryfikacji obszarów wiejskich w gminie, tj. 4 NRs na kWh. Analizę finansową przeprowadza się poprzez wydzielenie obecnych przychodów uzyskiwanych z działalności mikroelektrowni wodnych w trybie autonomicznym.

Realizacja proponowanego projektu minigridowego może być skutecznym rozwiązaniem zapewniającym stosunkowo szybką ulgę w obecnym kryzysie energetycznym w skali regionalnej. W ten sam sposób, przy dostępności wystarczającej ilości energii elektrycznej z takiej minigrytycznej sieci, w regionie mogą pojawić się nowe rodzaje działalności gospodarczej. Lokalni mieszkańcy mogą zmniejszyć swoje uzależnienie od drewna opałowego i importowanych paliw kopalnych, co będzie miało pozytywny wpływ zarówno na lokalną gospodarkę, jak i środowisko. W szerszym ujęciu tego typu projekty dostarczą informacji na temat dalszego rozwoju minigrydów w innych częściach kraju, w których istnieje szereg izolowanych mikroelektrowni wodnych, działających od kilku lat. Wdrożenie sieci minigrydowej spowodowałoby wzrost współczynnika obciążenia instalacji wytwórczej. Pomoże to w utworzeniu przedsiębiorstwa na dużą skalę, a to z pewnością przyczyni się do ożywienia lokalnej gospodarki.

W rozdziale 5 wyjaśniono szczegółowo możliwe skutki działania sieci minigrydowych, tzn. jeżeli energia elektryczna jest dostępna 24 godziny na dobę, można wykonać więcej ekonomicznych działań wytwórczych. W okolicy mogą powstać duże przedsiębiorstwa energetyczne średniej wielkości, a miejscowa ludność będzie miała większe zatrudnienie. Niniejszą analizę wpływu przeprowadza się na podstawie przykładów sukcesów w zakresie elektryfikacji obszarów wiejskich z różnych krajów.

Stworzenie infrastruktury dla linii przesyłowych wymaga olbrzymich nakładów kapitałowych, które wydają się być nieco niemożliwe do zainwestowania przez ludność wiejską. Dlatego też rola odgrywana przez rząd, NEA, Centrum Promocji Energii Alternatywnej (AEPC), Międzynarodową Współpracę Rozwojową i inne zainteresowane strony jest bardzo istotna i niezbędna dla zrównoważonych dostaw energii w kraju.

Nie istnieją pewne zasady dotyczące sieci minigridowych. Wsparcie polityczne ze strony rządu powinno zatem dotyczyć kluczowych sytuacji społeczno-gospodarczych i środowiskowych w czasie rzeczywistym dla zrównoważonego systemu energetycznego w Nepalu.

Rozdział 1. Wprowadzenie

1.1. Tło kraju

Nepal jest krajem śródlądowym położonym w południowej Azji na kolanach Himalajów. Kraj ten jest otoczony przez Indie na południu, zachodzie i wschodzie oraz Chiny na północy. Kraj leży między 26° 22' N do 30° 27' szerokości geograficznej a 80° 4' E do 88° 12' długości geograficznej. Nepal o wysokości od 90 do 8848 m n.p.m. dzieli się na trzy regiony: Górski, Górski i Terai. Północne pasmo Himalajów jest pokryte śniegiem przez cały rok. W środkowej części kraju znajdują się wzgórza, zbocza oraz różne małe duże i średnie rzeki i strumienie. Te wzgórza są głównymi obszarami, na których dostępny jest potencjał hydroenergetyczny. Pasmo południowe Terai to tereny równinne, składające się z gęstych lasów, parków narodowych, rezerwatów przyrody i obszarów ochrony przyrody.

Całkowita powierzchnia kraju wynosi 147.181 km kw., a średnia długość wynosi 885 km ze wschodu na zachód i średni oddech 193 km z północy na południe (CBS, 2008, s.3). Całkowita populacja Nepalu wynosi około 28 milionów. (CBS, 2008, s. 3) Nepal podzielony jest na pięć regionów rozwoju, 14 stref i 75 okręgów. Każda dzielnica jest podzielona na komitety rozwoju wsi (VDC) i gminy (CBS, 2008, s.3). Podział administracyjny i jest pokazany na mapie 1.1.

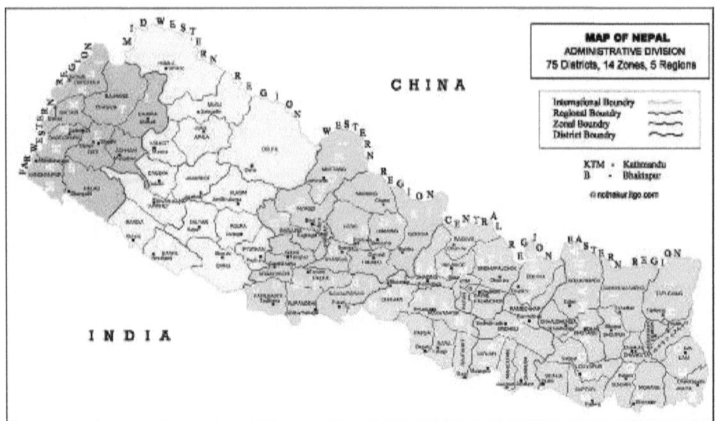

Rysunek 1. 1 Mapa Nepalu

Źródło: http://ncthakur.itgo.com/map04.htm, Wydrukowano dnia 21.06.2010 r.

Szacunki PKB na mieszkańca i DNB na mieszkańca wynoszą odpowiednio 473 i 484 USD za rok 2008/09 (CBS, 2008, s. 290). Walutą Nepalu jest nepalska rupia (NR).

1.1.1 Sytuacja energetyczna w Nepalu

Energia jest podstawowym wymogiem dla rozwoju gospodarczego kraju i jest podstawową potrzebą poprawy warunków życia narodów. Nie ulega wątpliwości, że niezawodna, odpowiednia, dostępna i przystępna cenowo energia jest najważniejsza dla poprawy sytuacji życiowej ludzi ubogich w takim kraju jak Nepal, gdzie ponad 32% całej populacji żyje poniżej progu ubóstwa[2].

Energia dostarcza światło i ciepło do domów, a także dostarcza energię dla małych przedsiębiorstw, które tworzą miejsca pracy, generują źródła dochodu i zatrudnienia.

Badanie sytuacji energetycznej wszystkich krajów południowoazjatyckich pokazuje, że mieszkańcy Nepalu zużywają najmniej energii komercyjnej, która wynosi około 500kWh na mieszkańca rocznie[3]. Uwzględniając biomasę, roczne zużycie energii w Nepalu w 2007/8 r. wyniosło około 389 mln GJ, z czego sektor mieszkaniowy zużył 90%, przemysłowy i transportowy 4%, a sektor rolno-spożywczy po 1 i 1% (CBS, 2008, s. 118-112).

Drewno opałowe z lasów zaspokaja prawie 78% całkowitego zapotrzebowania na energię ludności, co spowodowało wylesianie i problemy środowiskowe. W związku z tym jest on poza możliwościami lasu, który może regularnie dostarczać drewno opałowe w celu zaspokojenia zapotrzebowania na energię w przyszłości. Tylko 2% energii jest wytwarzane za pomocą energii elektrycznej. Podczas gdy 4% całkowitej energii jest dostarczane poprzez odpady rolne, 6% całkowitego zapotrzebowania na energię jest zaspokajane z obornika zwierzęcego. Drewno opałowe z lasu, obornik zwierzęcy i odpady rolne zostały wykorzystane w sposób tradycyjny i nieefektywny. 9 % dostaw energii realizowane jest za pomocą importowanych paliw kopalnych, które są zużywane głównie na obszarach miejskich. Pozostały jeden procent pochodzi z odnawialnych źródeł energii (biogaz, energia słoneczna, mikroelektrownie wodne). Udział dostaw energii z różnych źródeł przedstawiono na rys. 1.2 (CBS, 2008, s. 118-112).

---

[2] *http://hdrstats.undp.org/en/countries/country_fact_sheets/cty_fs_NPL.html 06/06/2010*

[3] *http://www.iea.org/textbase/nppdf/free/2009/key_stats_2009.pdf 06/06/2010*

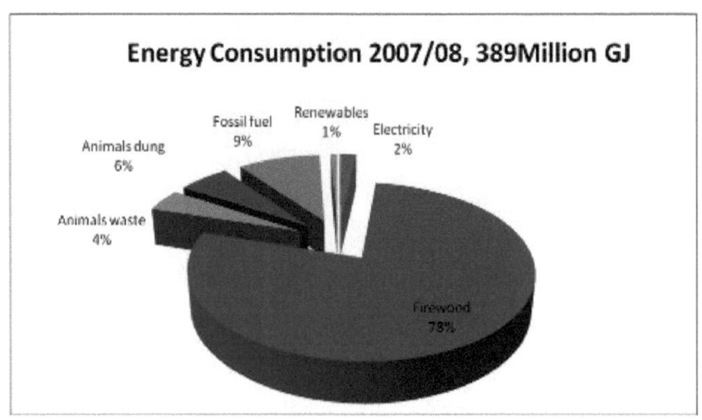

Rysunek 1. 2 Schemat zużycia energii

(Źródło: Autor)

Rysunek 1.2 wyraźnie pokazuje, że kraj nadal jest w dużym stopniu uzależniony od tradycyjnej formy energii, paliwa, odpadów drzewnych i zwierzęcych do gotowania i ogrzewania. "*Doprowadziło to do degradacji środowiska naturalnego, takiej jak utrata lasów i terenów leśnych i ma wpływ na zdrowie, głównie w związku z zanieczyszczeniem powietrza w pomieszczeniach*" (Rijal .K, 2000, str. 1).

Badanie pokazuje, że około 43000 MW energii wodnej jest technicznie i ekonomicznie wykonalne w Nepalu. Pomimo posiadania ogromnych zasobów energii odnawialnej, kraj jest w stanie wyprodukować do tego czasu 689,14 MW energii elektrycznej z elektrowni wodnych (NEA,2009,str. 17), co stanowi około 1,5 % całkowitej mocy. Wynika to z braku technologii i niezbędnych zasobów, niestabilności politycznej i bariery finansowej, z powodu której mieszkańcy Nepalu stoją w obliczu 12-godzinnego zrzucania obciążenia, zwłaszcza w porze suchej, z powodu braku dostaw energii elektrycznej (NEA, 2009, s. 1).

1.1.2 Elektryfikacja obszarów wiejskich i jej znaczenie

Znaczenie elektryfikacji jest dobrze znane, ponieważ jest to czysta forma energii, a zapotrzebowanie na usługi elektryczne jest powszechne (Inversin.A.R, 2000, s. 1). Przedsiębiorstwa energetyczne i krajowe sieci energetyczne w kraju, jakim jest Nepal, koncentrują się głównie na atrakcyjnych ekonomicznie obszarach miejskich, gdzie popyt jest wysoki, a konsumenci są w stanie zapłacić za usługę. W przeciwieństwie do obszarów miejskich, na obszarach wiejskich zapotrzebowanie na energię elektryczną nie jest tak wysokie, a status ekonomiczny ludzi jest również niski w porównaniu z miejskim. Ze względu na małą gęstość zaludnienia, niski współczynnik obciążenia i brak dróg dojazdowych na obszarach wiejskich, proces elektryfikacji wsi jest kosztowny, trudny.

Ponieważ elektryfikacja obszarów wiejskich w krajach rozwijających się, takich jak Nepal, ma na celu nie tylko zelektryfikowanie gospodarstwa domowego, ale także służyć realizacji celów gospodarczych i społecznych. W związku z tym elektryfikacja pomaga w rozwoju obszarów wiejskich poprzez zmniejszanie uciążliwości, tworzenie możliwości gospodarczych i poprawę jakości życia mieszkańców wsi i oczekuje się, że zwiększy PKB na mieszkańca, ponieważ większość ubogich z najbiedniejszych mieszka na obszarach wiejskich (REN21, s. 11).

W kontekście Nepalu około 80 % całkowitej populacji mieszka na obszarach wiejskich[4]. "Choć elektryfikacja na obszarach wiejskich jest trudna, to jednak otwiera ona drzwi wielu możliwości rozwoju obszarów wiejskich i prowadzi do rozwoju wsi" (Shakya.B, 2004, s. 21). Dlatego też rząd Nepalu traktuje priorytetowo elektryfikację obszarów wiejskich i odbywa się ona głównie na dwa sposoby: poprzez rozbudowę sieci krajowej i izolowanych elektrowni, głównie mikroelektrowni wodnych, systemu solarnego domu.

Ponieważ kraj jest górzysty, z przewagą osiadania rozproszonego, podłączenie do sieci i jej rozbudowa są w większości przypadków niewykonalne ze względu na wysokie koszty instalacji. Ten wzrost kosztów wynika głównie ze strat związanych z przesyłem i dystrybucją, mniejszą liczbą odbiorców i niskim zużyciem energii elektrycznej. Część z tego ze względu na trudną topografię, prace instalacyjne są trudne i skutkują ogromnymi inwestycjami kapitałowymi.

Rozproszone osadnictwo na obszarach wiejskich zwiększa długość linii przesyłowych i dystrybucyjnych oraz powoduje wysokie koszty i wysokie straty bieżące linii. Ze względu na te wszystkie wady jakość energii elektrycznej na obszarach wiejskich nie odpowiada normom krajowym.

Drugim wariantem jest podłączenie poza siecią, czyli zdecentralizowana instalacja izolowana, która w większości jest hydroelektryczną instalacją zbudowaną na potrzeby elektryfikacji obszarów wiejskich. Ze względu na wykonalność samodzielnego systemu Micro Hydro i Solar Home, rząd

---

[4] *http://www.adb.org/Documents/Fact_Sheets/NEP.pdf pg1,05/06/2010*

Nepalu sam z agentem darczyńców (UNDP, WB, Danida, GTZ) udzielają dotacji w celu promowania społecznych programów energetycznych, głównie dla mikroelektrowni wodnych.

Ponieważ mikroelektrownie wodne zlokalizowane na terenie gminy są postrzegane jako wydajne, łatwe w obsłudze i zarządzaniu, różne jednostki i społeczności podjęły inicjatywę dostarczania energii elektrycznej za pośrednictwem odizolowanych źródeł energii, takich jak mikroelektrownie wodne.

Takie podejście oparte na wspólnocie nadało nowy wymiar równouprawnieniu płci, działaniom generującym dochód, rozwojowi przedsiębiorczości wiejskiej i uwolnieniu najuboższych z ubogiej ludności z "więzi" starej struktury społecznej (Pandey.RC, 2009, s. 1).

Elektrownie wodne o mocy od 1kW do 100 kW należą do kategorii mikroelektrowni wodnych i mają potencjał, aby być głównym źródłem energii dla obszarów wiejskich (W. Michael, 2010, s. 6). Istotnym źródłem dla elektryfikacji obszarów wiejskich w kontekście Nepalu są mikroelektrownie wodne. Dzięki polityce wsparcia i zainicjowaniu przez rząd Nepalu udało się już zbudować dużą liczbę mikroelektrowni wodnych.

W rezultacie, wiele społeczności wiejskich jest w stanie oświetlić swoje domy poprzez ten projekt, w przeciwnym razie musiałyby żyć w ciemności przez kilka kolejnych dekad.

1.1.3 Spojrzenie na rozwój mikroorganizmów wodnych w Nepalu

Wykorzystanie energii z wody nie jest dla Nepalu nowością. Pierwsza elektrownia wodna z wodą została założona w 1911 r. w imieniu elektrowni Pharping w Katmandu. Mimo, że pierwsza elektrownia wodna powstała sto lat temu, rozwój jest nadal powolny, a program elektryfikacji stanowi wyzwanie zarówno dla wiejskich jak i miejskich obszarów Nepalu.

Woda jest obfita w chropowate wzgórza Nepalu . Micro-hydro na tym obszarze jest bardziej praktyczną i opłacalną alternatywą dla krajowej sieci energetycznej dla obszarów wiejskich5. Ta forma energii odnawialnej jest coraz częściej wykorzystywana do zdecentralizowanej elektryfikacji obszarów wiejskich przez ostatnie dwie dekady. "Zewnętrzna pomoc techniczna, innowacje i polityka

---

[5] http://www.aepc.gov.np/index.php?option=com_contentiew=categoryayout=blogd=67temid=93, 08/08/2010

rządowa przyczyniły się do rozpowszechnienia mikrotechnologii wodnej". [6] Energia uzyskana z Micro hydro może poprawić warunki życia mieszkańców wsi wraz z zachowaniem lokalnego środowiska naturalnego.

Rząd Nepalu udzielał dotacji na elektryfikację obszarów wiejskich za pośrednictwem mikroelektrowni wodnych i uznał to za wykonalne, ponieważ zelektryfikował dużą liczbę społeczności wiejskich, w których sieć krajowa nie jest jeszcze podłączona.

W porównaniu z innymi formami energii odnawialnej, mikroelektrownia wodna może być produkowana lokalnie i tania do zainstalowania i uruchomienia instalacji. Ponieważ jest to stara technologia, może być obsługiwana i instalowana lokalnie przy minimalnym przeszkoleniu. Zmniejszy to ogólny koszt mikroelektrowni wodnej i uczyni ją technicznie i ekonomicznie wykonalną dla elektryfikacji obszarów wiejskich. Instalacje te pracują w trybie izolowanym, nie są nawet zsynchronizowane z innymi instalacjami Micro hydro. Do tej pory 13,9 MW mocy jest wytwarzane z wiązki MHP (Personal Communication, AEPC). Od 1977 r. mikroelektrownia wodna nieprzerwanie obsługuje 13,92,658 wiejskich HH do 2009/10 r. (tamże).

1.2. Stwierdzenie problemu

Mikroelektrownia wodna zainstalowana w odizolowanych obszarach służy przede wszystkim potrzebom oświetleniowym tej miejscowości. Dzięki nowym, szybko ulepszającym się technologiom komunikacyjnym i dostępowi do transportu, korzyści z niego płynące dotarły do ogółu społeczeństwa tak łatwo i szybko. Zapotrzebowanie na energię elektryczną wzrosło ze względu na wykorzystanie urządzeń elektronicznych i elektrycznych, rosnącą liczbę obiektów użyteczności publicznej. Ponieważ energia elektryczna ma wiele aspektów i z dnia na dzień tworzy większe zapotrzebowanie. Ludzie chcieliby mieć dostawy energii elektrycznej przez 24 godziny na dobę i 365 dni w roku.

Kiedy krajowa sieć energetyczna zbliża się do pobliskich wiosek, ludzie mający połączenie z MEW oszaleliby na punkcie ograniczonych dostaw przez pewien okres czasu. Dostarczanie całodobowej energii elektrycznej mieszkańcom wsi, tak aby w każdej chwili mogli korzystać z energii elektrycznej na swoje potrzeby. Aby zwiększyć współczynnik obciążenia/zakładowy elektrowni wodnej Micro i wygenerować większe przychody, elektrownie rozproszone muszą być naprawdę zintegrowane.

Teraz nadszedł czas, aby zastanowić się nad zwiększeniem niezawodności systemów, jak również nad zwiększeniem możliwości przenoszenia zapasowej mocy z jednego obszaru do drugiego, gdzie

---

[6] *http://www.energyhimalaya.com/sources/micro-hydro.html 26/7/2010*

może ona mieć nas bardziej produktywnie, a tym samym może zwiększyć ogólny współczynnik wykorzystania mocy. Tak więc połączenie istniejących mikroelektrowni wodnych w sieciach lokalnych (sieć Mini Grids) jest innowacyjnym i opłacalnym rozwiązaniem zapewniającym niezawodne dostawy energii elektrycznej do beneficjenta.

W czterech sąsiadujących ze sobą VDC, a mianowicie Rangkhani, Pauiyunthanthap, Damek i Sarawak z dystryktu Baglung w Nepalu, przeprowadzono badania dotyczące połączenia siedmiu istniejących mikroelektrowni wodnych na tym obszarze.

1.3 Ogólny stan dzielnicy Baglung

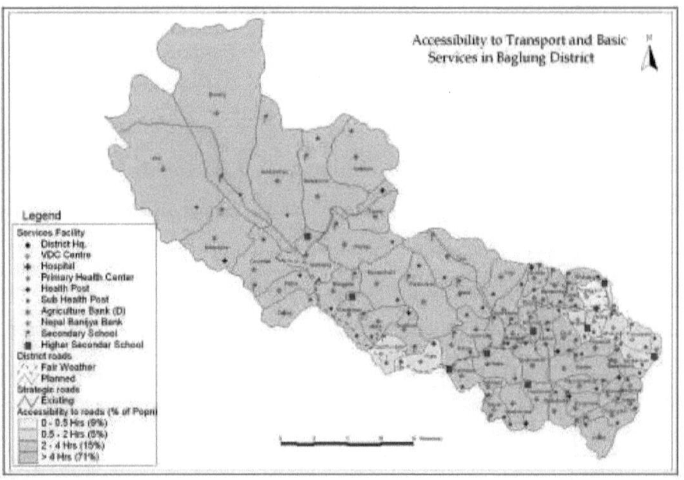

Rysunek 1. 3 Mapa okręgu Baglung

Źródło: http://3.bp.blogspot.com/_g1TqL88OWm8/SvuhoL9dFTI/AAAAAAAAABU/GxnsVEg-cwE/s1600-h/baglung.jpg 05/07/2010

Dystrykt Baglung znajduje się w strefie Dauligari w regionie Western Development. Graniczy on z okręgiem Parbat na wschodzie, okręgami Rukum, Rolpa i Magdi na zachodzie, okręgiem Pyuthan na południu i Magdi na północy i jest pokazany na rysunku 1.3.

Całkowita powierzchnia dzielnicy Baglung wynosi 1784 km², a dzielnica leży na 280 15' do 280 37' szerokości geograficznej i 830 00'E t0 830 36' długości geograficznej (DDC: Baglung, 2009 p1). Ze względu na różną strukturę geograficzną, ziemia powiatu Baglung należy do kategorii Wysokich Himalajów, Wysokich Gór i Środkowych Gór. W związku z tym stan klimatyczny Dystryktu również różni się w zależności od miejsca. Mapa okręgu Baglung jest przedstawiona na rys. 1.3 z zaznaczeniem obszarów badawczych. Wysokość wzniesienia waha się od 600 m do 4690 m n.p.m., a w różnych częściach okręgu zaobserwowano zróżnicowanie klimatyczne od tropikalnego, subtropikalnego, chłodnego klimatu i alpejskiego (DDC,2009,pg 1) .

Dystrykt Baglung jest podzielony na 3 okręgi wyborcze, 13 Illakas, jedną gminę i 59 komitetów rozwoju wsi (VDC). Siedzibą dzielnicy jest Baglung Bazaar i znajduje się ona na wysokości 948 m n.p.m.. Większość biur rządowych i pozarządowych znajduje się w Baglung Bazaar. Jest to pokazane na mapie dzielnicy Baglung na rys. 1.3.

1.3.1. Sytuacja społeczno-gospodarcza

Całkowita liczba ludności powiatu według spisu ludności w 2001 r. wynosi 2, 68,937 (DDC, 2009, s. 3). 145, 409 reprezentuje populację kobiet, a reszta to populacja mężczyzn. Pokazuje to, że całkowita populacja kobiet jest większa od populacji mężczyzn. W okręgu jest 53565 gospodarstw domowych, a średnia liczba członków gospodarstwa domowego wynosi 5,02. Tempo wzrostu liczby ludności w powiecie wynosi 1,46%, co oznacza, że tempo wzrostu liczby ludności jest znaczne. Główne grupy etniczne to Magar Brahmin, Chhetri, Newari i Thakuri. Gęstość zaludnienia dzielnicy wynosi 151 osób na kilometr kwadratowy. Głównym zajęciem jest rolnictwo, około 92 % ogółu ludności zajmuje się sektorami rolnictwa. 5 % prowadzi działalność gospodarczą, 2 % posiada służby rządowe i pozarządowe i inne. (Źródło: DRILP, 2009, P7)

a) Transport

Siedziba główna znajduje się w jednym z zakątków powiatu, ze względu na geopolityczne położenie geograficzne połączenie drogowe z siedzibą główną od wsi jest ograniczone. Główną drogą łączącą VDC z dzielnicą są Baglung - Burtibang (najdłuższa droga w dzielnicy o długości 90 km, przechodząca przez wiele VDC) oraz Baglung Kusmisera. Poza tymi drogami istnieje wiele dróg wiejskich, ale z powodu ziemnego chodnika, transport drogowy nie jest możliwy przez lata. Do tej pory istnieją 111,5 km dróg powiatowych i 21,5 km dróg wiejskich. (DRILP, 2009, S. 16)

b) Komunikacja:

Na terenie dzielnicy znajdują się głównie obiekty pocztowe i telekomunikacyjne. Jest jeden okręgowy urząd pocztowy, 10 urzędów pocztowych Ilakas i 50 dodatkowych urzędów pocztowych. Podobnie

22 VDC mają zaplecze telefoniczne. Jednak w okresie konfliktu telekomunikacja zostaje całkowicie wstrzymana. W całym okręgu rozbudowywane są urządzenia do komunikacji teletechnicznej.

c) Zdrowie

Służba zdrowia jest niezbędna w okręgu i jest dla niego najważniejszą usługą. W całym okręgu znajduje się jeden szpital rządowy, główny ośrodek zdrowia, 8 ayurvadic Ausadhalayas, 9 placówek służby zdrowia i 47 sub - placówek służby zdrowia. (DRILP, 2009, S. 16)

d) Edukacja Sytuacja

W centrali Baglung znajduje się jeden kampus, poza tym w całych okręgach znajduje się 15 szkół ponadpodstawowych, 69 szkół średnich, 51 gimnazjów i 365 szkół podstawowych. Średni wskaźnik alfabetyzacji w okręgach wynosi 55,21 procent, czyli nieco powyżej średniej krajowej 53,78%. Wskaźnik alfabetyzacji kobiet w danym okręgu wynosi 46,25 proc. i jest wysoki w porównaniu ze średnią krajową (42,49 proc.). (DDC, Baglung, 2009, s. 3).

1.3.2. Wzór zużycia energii przez Baglung

Dzielnica Baglung jest obdarzona wieloma dużymi i małymi rzekami. Potencjał Micro hydro jest nadmiar w okręgu. 12. Rada Dystryktu określa dystrykt jako "dystrykt energetyczny"[7]. Nawet obdarzony wieloma możliwościami w zakresie mikrowodorków, nadal energia wykorzystywana do gotowania jest tradycyjna. Dystrykt Baglung szczyci się mocą zasilania 2 MW, która do tej pory była generowana przez różne mikroelektrownie wodne na obszarach wiejskich, a 10508 HH jest zelektryfikowanych przez elektrownie MH.[8] Używanie herozyny i gazu płynnego (LPG) odbywa się głównie w centralach i niektórych większych miastach okręgów.

Poza tym, tam gdzie nie jest dostępna energia elektryczna z sieci krajowej i mikroelektrowni wodnych, wykorzystuje się inne formy alternatywnych źródeł energii, takie jak domowy system solarny. Podobnie biogazownie są również wykorzystywane do celów kulinarnych.

---

[7] *Wywiad z SEA REDP*

[8] *ibid*

1.4 Wybrane obszary badań

Obszar wybrany w Dystrykcie Baglung do badania pokazano na rysunku 1.4. Są to sąsiadujące ze sobą VDC, w których ludzie już korzystają z energii elektrycznej z samodzielnych zakładów. Jedna rzeka płynąca wzdłuż Rangkhani, Paiyunthanthap, Damek i Sarkawa jest głównym źródłem dla wszystkich siedmiu MHP. Położony jest w południowym regionie powiatu Baglung, przy drodze gruntowej łączącej teren z siedzibą główną w Baglung. Miejsce realizacji projektu znajduje się 25 km na południe od dzielnicy Baglung.

Obszar ten jest wybierany jako obszar badań, ponieważ tamtejsi mieszkańcy używają tej samej ilości energii elektrycznej, tj. 100 W na dom od ponad 5 lat. Ciekawostką jest wiedzieć, w jaki sposób wzrosło zapotrzebowanie od czasu wykorzystania energii elektrycznej z MHP. Ponieważ siedem zakładów znajduje się w pobliżu siebie, jest to najbardziej niezawodne miejsce do budowy projektów mini gridowych.

Cechy topograficzne projektu zostały ocenione jako korzystne dla budowy linii przesyłowej 11kv. Głównie linia przesyłowa znajduje się na terenach uprawnych, a jej część przemieszcza się po jałowej ziemi i cienkim lesie.

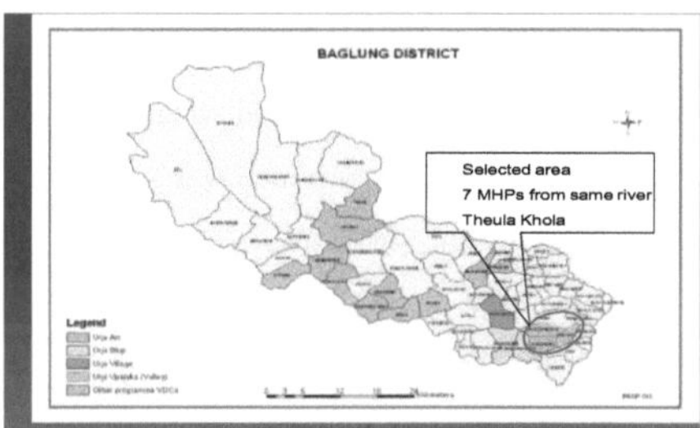

Rysunek 1. 4 Pokaż wybrane VDC Okręgu Baglung do badań

Źródło: REDP, 2007, s. 4

Ponieważ REDP prowadzi już pilotażowy projekt mini grid w tym miejscu, a prace są w toku, ciekawsze jest, jak ludzie przyjęli ten projekt. Zasadniczo z tych wszystkich powodów obszar ten został wybrany do badań.

1.5 Znaczenie i motywacja badania

W obecnej sytuacji AEPC/REDP realizuje projekty pilotażowe mające na celu połączenie siedmiu istniejących mikroelektrowni wodnych w bliskiej okolicy, aby stworzyć mini sieć w dzielnicy

Baglung. (Jeśli to wzajemne połączenie mikrowodociągów w celu utworzenia mini-sieci jest wykonalne i może być właściwie zarządzane przez społeczeństwo, to można je odtworzyć w różnych miejscach kraju. Przyczyni się to do ożywienia lokalnej ludności i lokalnej gospodarki.

Dlatego też niniejsze opracowanie ma na celu:

- Dać jasny obraz tego, czy połączenie międzysystemowe jest technicznie, ekonomicznie i społecznie wykonalne, czy też nie.

- Dać odpowiedni sposób zarządzania zarządzaną przez społeczność minigridą.
- Pomoc decydentom politycznym w tworzeniu odpowiedniej polityki dotyczącej dotacji dla społeczności na rzecz projektów minigrydowych w przyszłości.

Badanie to będzie również zawierało sugestię odpowiedniej taryfy opartej na energii. Pomaga to w zrównoważeniu krzywej obciążenia, poprawie współczynnika obciążenia i efektywnym wykorzystaniu energii elektrycznej.

Przeprowadzono tylko kilka badań dotyczących połączenia mikrowodnego w celu utworzenia minigridu. Jest to nowe podejście w Nepalu, które osobiście zmotywowało mnie do zrobienia tego badania. Jeśli badanie wykaże, że jest wykonalne pod względem technicznym, finansowym i społecznym, to można je powielić na innych obszarach wiejskich kraju, co z pewnością da mi możliwość pracy i prowadzenia większej ilości badań w tej dziedzinie.

1.6 Cel badania

Głównym celem studium jest ocena technicznej i społeczno-ekonomicznej wykonalności gminnej minigrady w okręgu Baglung w Nepalu. W celu wsparcia tego głównego celu po przeprowadzeniu badania:

- Identyfikacja problemów związanych z bezpieczeństwem, odpowiednim zasilaniem i wydajnością, gdy mikroelektrownie wodne są połączone ze sobą w celu utworzenia mini-sieci.

- Ocena korzyści ekonomicznych z połączenia mikroelektrowni wodnych w minigridzie

- Określenie odpowiednich modeli finansowych dla połączonych ze sobą mikroelektrowni wodnych, w tym odpowiedniej polityki taryfowej

- Opracowanie odpowiednich modeli zarządzania miniaturowymi sieciami z połączonymi mikroelektrowniami wodnymi

1.7 Hipoteza

"Wspólnotowa minigrata z wzajemnie połączonymi mikrosilnikami wodnymi jest finansowo i technicznie wykonalną opcją dla kraju pagórkowatego, jakim jest Nepal, gdzie rozbudowa sieci stanowi duży problem".

1.8 Pytania badawcze

- Jakie są stany Mikro-Roślin Wodnych, które mają być połączone ze sobą?
- Energia elektryczna produkowana przez istniejącą mikroelektrownię wodną jest większa lub mniejsza od zapotrzebowania?
- Jakie są główne trudności i urządzenia elektryczne wymagane do połączenia istniejących odizolowanych elektrowni?
- W jaki sposób system stanie się wydajny i możliwe będzie efektywne wykorzystanie mocy?
- Jaka jest kondycja finansowa każdej z elektrowni i jak połączenie międzysystemowe wpłynie na poprawę statusu każdej z elektrowni?
- Jak aktywnie zaangażować całego członka społeczności w zarządzanie minigrydą, aby członek społeczności uzyskał optymalne korzyści?

1.9 Zakres i ograniczenia badań

Przeprowadzono szereg badań dotyczących mikroelektrowni wodnych, zarządzania nimi, studiów wykonalności, a także planowania podejścia oddolnego w zakresie mikroelektrowni wodnych. Wykonano jednak bardzo niewiele badań dotyczących możliwości i wykonalności połączenia istniejącej mikroelektrowni wodnej znajdującej się w pobliskiej okolicy.

Badanie koncentrowało się głównie na technicznych i finansowych oraz społecznych aspektach sieci mini grid. Niniejsze opracowanie dotyczy połączenia istniejących mikroelektrowni wodnych w celu poprawy niezawodności systemu, tworzenia średnich przedsiębiorstw oraz bilansowania nadwyżek i niedoborów mocy w różnych MEW.

Badania mogą być przeprowadzone z dodaniem nowej mikroelektrowni wodnej w sieci mini grid. Ponieważ obecnie społeczność nie ma zamiaru tworzyć nowego MHP. W związku z tym badane jest jedynie połączenie istniejących mikroelektrowni wodnych z lokalną siecią energetyczną.

1.10. Struktura sprawozdania

Rozdział 1 to część wprowadzająca do badania, która zawiera wprowadzenie do kraju, sytuację energetyczną, opis problemu, cele, hipotezę i pytania badawcze badania.

Rozdział 2: Metodologia badania została opisana w rozdziale drugim, w którym omówiono różne metody stosowane przy wyborze poszczególnych miejsc, narzędzi i instrumentów badawczych wykorzystywanych do gromadzenia i analizy danych.

Rozdział 3 przegląd i analiza wyników badań mikroelektrowni wodnych i leżących na podłożu HHs.

W rozdziale 4 omówiono aspekt techniczny, finansowy i społeczny sieci minigrydowych oraz podano pewne opcje zarządzania siecią minigrydową.

W rozdziale 5 przedstawiono możliwy wpływ minigridy w obszarach badawczych na przykładzie wpływu elektryfikacji obszarów wiejskich w różnych krajach.

W rozdziale 6 przedstawiono wreszcie wnioski i zalecenia wynikające z badania.

Rozdział 2 Metodologia badania

2.1 Podejście metodologiczne

Badania zostały przeprowadzone jako studium wykonalności minigridy w dzielnicy Baglung w Nepalu. Studium koncentrowało się na technologicznym, finansowym, zarządczym i społecznym aspekcie systemu minigrydowego. Aspekt techniczny sprawdza głównie jakość energii i jej ilość, zarządzanie obciążeniem oraz naprawy i konserwację. Kwestia finansowa dotyczy głównie ekonomii skali, zarządzania finansami, jednostkowego kosztu przesyłanej energii. Podobnie opcja menedżerska koncentruje się głównie na jakości usług i modelu organizacyjnym. Część społeczna skupia się na własności, poziomie uczestnictwa i korzyściach społecznych z projektu.

Zakresy sytuacji technologicznej wszystkich istniejących mikroelektrowni wodnych są sprawdzane w celu stwierdzenia, czy nadają się one do połączenia w sieć mini-sieciową. Podobnie ocena społeczno-ekonomiczna przeprowadzana jest w celu określenia statusu ekonomicznego mieszkańców, zainteresowania projektem, korzyści płynących z projektu dla mieszkańców wsi. Poprzez zbadanie najlepszej opcji technologicznej, wykonalności finansowej i opcji zarządzania projektem, wykonano by techniczne studium wykonalności społeczno-ekonomicznej projektu. Omówiono również krótko obecną politykę energetyczną, cenę energii, rolę rządu w skutecznym promowaniu technologii minigrydowych w skali użyteczności publicznej.

2.2 Praca przy biurku

Na początku przeglądu literatury dokonano w celu zebrania podstawowych informacji na temat badań i zrozumienia ich istoty. Dane wtórne są zbierane przez badania z przeszłości, różne raporty, źródła internetowe, różne ogólne i książki, aby uzyskać zrozumienie istoty badań.

2.3 Opracowanie kwestionariuszy

Na początku przeprowadzono badania literaturowe w celu przygotowania odpowiednich kwestionariuszy oraz przygotowano kwestionariusze do zbierania danych z badań terenowych. W celu uzyskania danych pierwotnych z wybranych miejscowości na badanym obszarze opracowano ankietę. Kwestionariusz został opracowany jako informacja wymagana przy współpracy z REDP i z pomocą pana Wulf Boie.

Kwestionariusze dla MHP zostały opracowane na podstawie aspektów technicznych, finansowych, zarządczych, a kwestionariusze zostały opracowane głównie dla menedżera/operatora i komitetu zarządzającego. Podobnie kwestionariusze HH zostały zaprojektowane głównie dla zelektryfikowanych gospodarstw domowych z samodzielnym MHP.

Kwestionariusz został podzielony na następujące sekcje:
Informacje techniczne: Ogólne cechy techniczne, takie jak podzespoły cywilne, podzespoły elektromechaniczne oraz podzespoły stanowiące częsty problem dla siedmiu istniejących MHP.

Informacje finansowe: Miesięczne przychody, wydatki, system taryfowy i pobieranie przychodów, różne zasady i regulacje dotyczące pobierania taryf, złodziejstwo energii elektrycznej itp. od różnych rodzajów użytkowników końcowych we wszystkich MHP.

Zarządzanie i konserwacja: Prowadzenie księgowości, prowadzenie ksiąg rachunkowych, odpowiedzialność operatora i kierownika, monitorowanie i kontrola oraz administracja.

Użytkownicy: Opinie użytkowników o MHP i informacje o ich zadowoleniu, gotowości do zapłaty za dodatkową energię elektryczną, zużyciu energii na wsi, zużyciu energii w wioskach, poziomie dochodów.

Szczegółowe kwestionariusze formularza badania energetycznego gospodarstw domowych są załączone w załączniku 1, a kwestionariusze formularza zakładu MH są załączone w załączniku 2.

Rysunek 2. 1 Przeprowadzenie badania gospodarstw domowych

Rysunek 2.3

Po dokonaniu przeglądu literatury i przygotowaniu list kontrolnych dla każdej z mikroelektrowni wodnych przeprowadzono badania terenowe. Podczas wizyty przeprowadzono wywiady bezpośrednie, jak pokazano na rys. 2.1, wywiady częściowo ustrukturyzowane, telefoniczne, kwestionariusze i e-maile, aby zebrać wymagane informacje. Odwiedzana jest również część z terenu minigrupy w Baglung innych organizacji takich jak AEPC, NEA, REDP, ESAP DDC, biuro Baglung DRILIP w Baglung. Kwestionariusze są dystrybuowane dla niektórych gospodarstw domowych, w których, podobnie jak w innych, przeprowadza się wywiady bezpośrednie. Przeprowadza się rozmowę z operatorem, kierownikiem i przewodniczącym wszystkich siedmiu mikroelektrowni wodnych. Wszystkie siedem zakładów MHs, które odwiedził. Odczyty liczników energii z każdego MHP zostały pobrane.

2.4 Wybór obszarów badań

Badania terenowe zostały przeprowadzone w dniach 13-27 maja 2010 r. w Rankhani, Damek, Sarkawa i Pauyanthanthap VDC, gdzie trwa budowa projektu minigridu. Do badań wybrano siedem mikroelektrowni wodnych o łącznej mocy 129 kW.

W trakcie badań terenowych przeprowadzono wywiady w 290 HHs. Przeprowadzono wywiad z gospodarstwami domowymi obejmujący wszystkich beneficjentów siedmiu mikroelektrowni wodnych. Rys. 2.2 pokazuje odsetek gospodarstw domowych objętych badaniem z różnych programów. Pokazuje to, że badanie gospodarstw domowych obejmuje wszystkich siedmiu beneficjentów MHP.

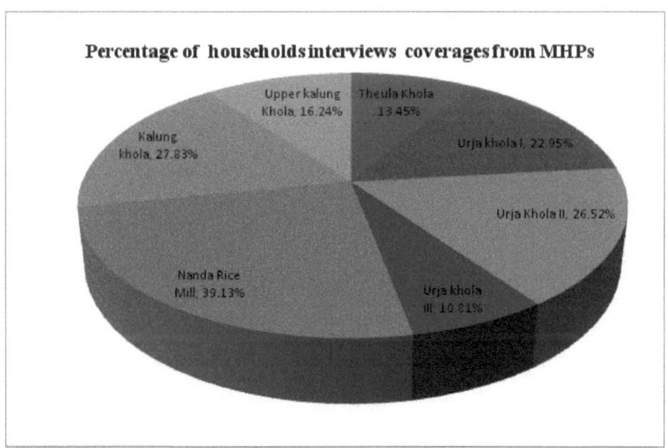

Rysunek 2. 2 udział wywiadów z gospodarstwami domowymi

(Źródło: autor)

Mimo że ze względu na ograniczony czas nie było możliwe przeprowadzenie wywiadu ze wszystkimi zelektryfikowanymi gospodarstwami domowymi, losowy dobór próby obejmuje wszystkich beneficjentów wszystkich MHP, którzy zostaną podłączeni za pomocą minigrady. Daje to pogląd mieszkańcom wsi na temat MHP, z którego korzystają.

Przeprowadzono wywiad z kierownikiem, operatorem i komitetem grupy roboczej wszystkich siedmiu Micro hydroelektrowni. Wywiad ten przedstawia techniczny, finansowy status każdego mikroprocesora, który ma być połączony. Odwiedzono wszystkie siedem mikroelektrowni wodnych i pobrano dane pomiarowe energii z całej elektrowni.

Wywiad przeprowadzony w gospodarstwie domowym koncentrował się głównie na wzorcach zużycia energii, standardzie życia ludzi, zapotrzebowaniu gospodarstw domowych na energię elektryczną oraz ich gotowości do płacenia za energię elektryczną i urządzenia elektryczne, których chcą używać. Odczyty liczników energii zostały zanotowane ze wszystkich siedmiu mikroelektrowni wodnych.

Podczas wizyty w terenie obserwowano aktywność domową mieszkańców, codzienne prace, kulturę, rolnictwo, wykorzystanie dostępnych zasobów itp. Informacje o VDC i przebywających tam osobach zostały zebrane z wywiadów z gospodarstwami domowymi, a także z nieformalnej dyskusji z osobami przebywającymi tam podczas pobytu w wybranych obszarach badawczych. Nieformalna interakcja ze społecznością była pomocna, aby poznać świadomość i zrozumienie ludzi ze społeczności i ankietera, co zapewnia zrozumienie problemów i potrzeb energetycznych społeczności, co jest niezbędne.

2.5 Gromadzenie danych

Dane pierwotne

Dane pierwotne zostały zebrane na dwóch poziomach, które są następujące:

1) Poziom pola: Dane terenowe zostały zebrane głównie w celu oceny aktualnego zapotrzebowania na energię oraz sytuacji społeczno-ekonomicznej gospodarstw domowych w wybranym miejscu. Poza gospodarstwami domowymi, komitet rozwoju wsi i powiatowy komitet rozwoju zostały również poproszone o uzyskanie informacji na temat przyszłych planów energetycznych na poziomie powiatu i wsi. Do tego celu wykorzystano głównie kwestionariusz półstrukturalny oraz metodę wywiadu.

2) Poziom centralny: Na szczeblu centralnym wykorzystano informacje o istniejącej polityce i przyszłych planach rządu w zakresie rozwoju mini-sieci. W tym celu zwrócono się do urzędników REDP/AEPC, którzy są odpowiedzialni za realizację różnych projektów związanych z energią odnawialną w kraju, z prośbą o wypełnienie częściowo ustrukturyzowanego kwestionariusza i przeprowadzenie wywiadu.

Dane wtórne:

Głównymi danymi wtórnymi dla tego badania są dane z różnych mikro-, wodnych i innych źródeł energii odnawialnej w tym obszarze badań, które zostaną zebrane z AEPC i REDP. Podobnie, do uzyskania niezbędnych informacji wykorzystano dane ze źródeł wtórnych, takich jak centralne biuro statystyczne, czerpiąc odniesienia z podobnych badań przeprowadzonych w innych krajach, źródła internetowe i literaturę.

2.6 Analiza danych

Do oszacowania profilu zapotrzebowania na energię elektryczną na badanym obszarze wykorzystuje się godzinowy profil wytwarzania siedmiu mikroelektrowni wodnych. Podobnie, dane otrzymane z badań terenowych zostały wykorzystane do wizualizacji ogólnego wzorca zużycia energii w badanych obszarach. Dane ilościowe dotyczące cen energii elektrycznej otrzymanej od NEA i mikroelektrowni wodnych wykorzystano głównie w celu sprawdzenia wykonalności finansowej badania. W przypadku analizy finansowej, wartości bieżącej netto (NPV) i wewnętrznej stopy zwrotu (IRR), jako wskaźniki finansowe przyjęto okres zwrotu. Wskaźnik ten określa rentowność projektu w różnych scenariuszach i różnych warunkach. Różne sposoby zarządzania zostały opracowane z myślą o wspólnotowym zarządzaniu sieciami typu minigrid.

Wszystkie rodzaje obliczeń technicznych, analiz finansowych i tabulacji danych zostały wykonane w programie Microsoft Excel. Rysunki są w większości przypadków wykonywane za pomocą programu AutoCAD.

2.7 Struktura metodyki

Na rysunku 2.3 pokazano, w jaki sposób różne narzędzia metodologiczne i instrumentarium zostały wykorzystane do gromadzenia danych, analizy danych i uzyskiwania wyników końcowych. Ze wszystkimi tymi składnikami został przygotowany raport końcowy.

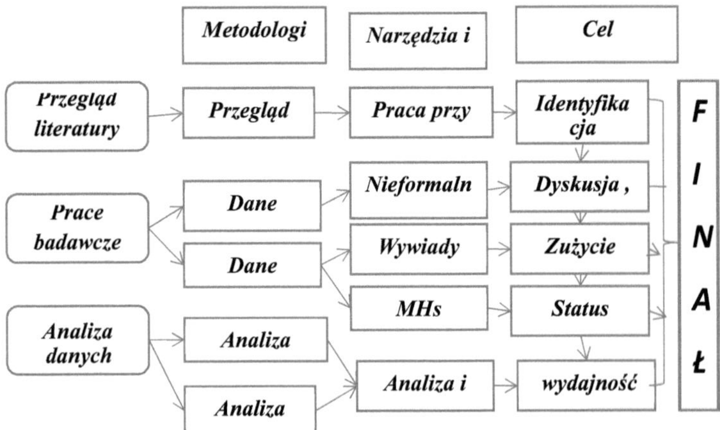

Rysunek 2. 3 *Struktura metodologii*

(Źródło: autor)

Rozdział 3: Połączenia międzysystemowe między wspólnotowymi mikrowodami jako opcja dla elektryfikacji obszarów wiejskich

Zdecentralizowana elektryfikacja odbywa się głównie tam, gdzie osiedla znajdują się z dala od sieci krajowych i gdzie nie ma możliwości technicznych i ekonomicznych rozbudowy sieci. Głównie w słabo rozmieszczonych pagórkowatych rejonach Nepalu. Dlatego też zdecentralizowana elektryfikacja jest jedynym sposobem na dostarczanie energii elektrycznej w odległych i rozproszonych osadach. W zdecentralizowanej elektryfikacji, produkcja i wykorzystanie wymaganej mocy odbywa się w tym samym miejscu. Opcje technologiczne, które są wykorzystywane głównie do zdecentralizowanej elektryfikacji, to technologie oparte na energii odnawialnej oraz agregaty prądotwórcze z silnikami diesla.

W Nepalu technologie oparte na energii odnawialnej znajdują się głównie na obszarach wiejskich. Agregaty prądotwórcze z silnikami wysokoprężnymi są rzadko używane w aglomeracjach miejskich kraju, ponieważ kraj jest całkowicie uzależniony od importowanych paliw kopalnych. Te paliwa kopalne nie są ogólnie dostępne na odległych obszarach wiejskich ze względu na słabe połączenia drogowe, co sprawia, że transport dużych ilości paliw kopalnych na te obszary jest prawie niemożliwy. Dlatego też systemy RET są najbardziej przyjaznym dla środowiska i ekonomicznym sposobem dostarczania energii elektrycznej mieszkańcom wsi (Schläpfer A. i in., 2008). Główne systemy RET wykorzystywane do zdecentralizowanej elektryfikacji w krajach rozwijających się to hydroenergetyka, słoneczne systemy fotowoltaiczne i biomasa.

Słoneczne systemy fotowoltaiczne są szybkim i łatwym sposobem na elektryfikację gospodarstw domowych na terenach wiejskich. "Jest to technologia, która przekształca światło słoneczne w energię elektryczną za pomocą materiału półprzewodnikowego" [9]. Ta technologia jest nowa i kosztowna.

Biomasa jest największym wykorzystywanym zasobem energetycznym na świecie, który stanowi około 35% zaopatrzenia w energię pierwotną krajów rozwijających się[10]. Nawet w Nepalu 77% całej zużywanej energii pochodzi z biomasy. Stałe, płynne i gazowe formy biomasy mogą być

---

[9] *http://science.nasa.gov/science-news/science-at-nasa/2002/solarcells 25/07/2010*

[10] *http://www.eubia.org/116.0.html 21/07/2010*

wykorzystywane do produkcji wymaganego ciepła, energii elektrycznej, ale do tej pory biomasa jest wykorzystywana w sposób tradycyjny, który jest nieefektywny i nie jest przyjazny dla środowiska. Termin biomasa odnosi się do szerokiej gamy materiałów, takich jak odpady drzewne, odpady rolnicze, komunalne odpady stałe, rośliny oleiste, odpady przemysłowe, rośliny skrobiowe, uprawy lignocelulozy itp. (Schläpfer A. et al, 2009). Wszystkie one są wykorzystywane do wytwarzania energii elektrycznej w krajach rozwiniętych, ale w bardzo efektywny sposób.

Energia wodna jest wykorzystywana przez mieszkańców wsi do napędu kół wodnych, do produkcji energii mechanicznej (źródło: Rijal K, ICIMOD 1998, P 88). Małe elektrownie wodne są zazwyczaj wykorzystywane do elektryfikacji obszarów wiejskich, które są głównie mikroelektrowniami (mniej niż 100 kW) i mini elektrowniami wodnymi (100 - 1000 kW). Takie formy energii odnawialnej są stosowane w Nepalu od dwóch ostatnich dziesięcioleci. Są one z powodzeniem wdrażane na odległych obszarach wiejskich Nepalu. Wspólnotowy zdecentralizowany program mikroelektryfikacji wodnej jest jednym z najbardziej udanych modeli praktyk stosowanych w Nepalu.

3.1 Wprowadzenie wspólnotowej mikroelektrowni wodnej

"Projekt należący do społeczności lokalnej to projekt opracowany z inicjatywy ludzi z ich miejscowości na rzecz społeczności lokalnej (Shakya.B, 2005, s. 21). Z tego typu projektów społeczności lokalne mogą korzystać z dostępnych lokalnie zasobów energii wodnej, a nie dawać szansę innym". (Shakya.B, 2006, p1)

Mikroelektrownia komunalna jest jedną z najlepszych praktyk modelowych w zakresie elektryfikacji obszarów wiejskich, szczególnie w środkowo-pagórkowatych obszarach Nepalu. W społecznościach tych planuje się budowę mikroelektrowni wodnych i zarządzanie nimi przy bezpośrednim zaangażowaniu społeczności wiejskich.

Program Rozwoju Energetyki Wiejskiej działa nieprzerwanie na rzecz społeczności wiejskich od 1996 roku. Początkowo w pierwszej fazie wdrażania mikroprzedsiębiorstw hydrotechnicznych istniały tylko cztery modelowe dzielnice. Po sukcesie pierwszej fazy, REDP pracuje obecnie w 40 pagórkowatych okręgach Nepalu i znajduje się w trzeciej fazie[11]. Te mikroprojekty w wiosce rozpoczynają się razem z modelem mobilizacji społeczności (patrz sekcja 3.11 poniżej).

---

[11] *http://www.redp.org.np/phase3/programme.php 15/08/2010*

3.1.1 Mobilizacja społeczności

"Jest to niezbędne narzędzie samorządności i aktywnego udziału lokalnej ludności w zrównoważonym rozwoju obszarów wiejskich". [12] Zaczyna się od wpisu VDC, gdzie na początku odbywa się mobilizacja społeczności. Organizacja wspólnotowa jest tworzona poprzez zgromadzenie po jednym członku z każdego gospodarstwa domowego w danej miejscowości. Od ośmiu do dziesięciu członków gospodarstwa domowego tworzy zatem jedną jednostkę CO. CO organizuje cotygodniowe spotkania społeczne i zbiera pieniądze, prowadzi działalność społeczną, np. sprzątanie dróg, terenów publicznych, szkół i innych. Kiedy CO zdobywa większe doświadczenie i jest w stanie samodzielnie zorganizować spotkanie i określić prace społeczne, które należy wykonać, wówczas przynajmniej jeden członek każdego CO jest wybierany na członka komitetu MHFG, który reprezentuje jego lokalizację.

Mobilizacja społeczności odbywa się głównie w celu:

- zachęcanie lokalnej ludności do samorządności i inicjowania prac rozwojowych poprzez podejście samopomocowe

- tworzenie świadomości wśród członków społeczności na temat negatywnych skutków tradycyjnych systemów wykorzystujących energię

- pomaga zmobilizować zasoby i umiejętności społeczności do podejmowania programów mikro-hydro i innych inicjatyw na rzecz rozwoju społeczności oraz,

- zwiększenie umiejętności i zdolności ludzi do wykorzystywania energii do różnych działań społeczno-gospodarczych

(Źródło, REDP, 2001, str. 6)

Mobilizacja społeczności odbywa się przede wszystkim poprzez rozwój organizacji, mobilizację kapitału, podnoszenie kwalifikacji, promocję technologii, zarządzanie środowiskiem, wzmocnienie pozycji VC (REDP, nieaktualne, s. 11).

---

[12] *Orientacja TO i EDO wykonana przez Suresh'a Neupane'a, 2006 r.*

Rozwój organizacji odbywa się w celu stworzenia forum dla ludzi mieszkających w pobliżu, aby mogli oni dyskutować publicznie, prowadzić szereg działań społecznych i organizować je w celu stworzenia samorzutnej organizacji społecznej (CO) (ibidem).

Mobilizacja kapitału odbywa się w celu stworzenia składnika aktywów z tytułu emisji CO , który może być wykorzystany na potrzeby kredytowe w celu uruchomienia mikroprzedsiębiorstw na poziomie gospodarstw domowych (wewnętrznych).

Podnoszenie kwalifikacji ma na celu wygenerowanie zasobów niezbędnych do prowadzenia działań takich jak promocja RET, sprawne zarządzanie emisjami dwutlenku węgla; prowadzenie, zarządzanie i eksploatacja wiejskich systemów energetycznych (w szczególności mikroelektrowni wodnych) i działań związanych z ochroną środowiska; rozwój społeczny; oraz zwiększenie wydajności i generowanie dochodów. Odbywa się to głównie poprzez działania związane z rozwojem zasobów ludzkich, takie jak szkolenia, wizyty kontrolne, warsztaty, seminaria itp.

Promocja technologii ma na celu zwiększenie produktywności i aktywności dochodowej ludności wiejskiej, zmniejszenie uciążliwości dla kobiet i dzieci, ochronę środowiska naturalnego poprzez wprowadzanie technologii odnawialnych właściwych dla społeczności wiejskich.

Zarządzanie środowiskiem odbywa się w celu właściwego zarządzania działem wodnym, jak również innymi zasobami naturalnymi obszaru dla zrównoważonego rozwoju mikroroślin. Dbając o wspólne właściwości, takie jak las i woda, jednocześnie budując programy infrastrukturalne wspieramy leśnictwo komunalne, plantacje drzew, ochronę rzek i wąwozów, tarasowanie terenu i inne środki ochrony środowiska.

"Upełnomocnienia VC sprawiają, że wrażliwe społeczności aktywnie uczestniczą w życiu publicznym, dają im głos w sprawach społeczności, włączają je w proces podejmowania decyzji, pomagają budować zaufanie, pomagają zwiększyć samodzielność i poczucie własnej wartości, zachęcają do przywództwa, pomagają udowodnić swoje zdolności zarządcze i zwiększyć wiarygodność . "(REDP,2006,p3

Mobilizacja społeczności odbywa się na rzecz uczestnictwa wszystkich jej członków, zapewnienia przejrzystości we wszystkich fazach projektu, podniesienia konsensusu w sprawie programów oraz włączenia wszystkich stron, płci i społeczności zagrożonych.

3.1.2 Grupa funkcjonalna mikrohydro

Jeden członek płci żeńskiej i jeden członek płci męskiej wstępują do organizacji wspólnotowych jako przedstawicielki i mężczyźni odpowiednio z każdego domu. Z każdej emisji CO wybiera się jednego członka i wysyła do komitetu grupy roboczej, jak pokazano na rys. 3.1. W grupie roboczej przewodniczący i kierownik są wybierani spośród członków komitetu grupy roboczej. Osoby te odgrywają wielką rolę w całym okresie trwania projektu, od początku planowania do zarządzania mikroelektrowni wodnej.

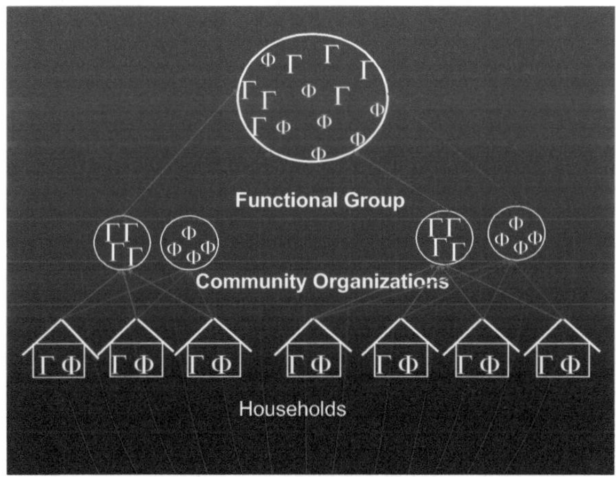

Rysunek 3. 1 Tworzenie grupy funkcjonalnej

Źródło: (REDP, 2006, ppt 5)

To właśnie GK ustalają odpowiednią taryfę dla wykorzystywanej energii elektrycznej, ustanawiają zasady i przepisy dotyczące korzystania z energii elektrycznej oraz udzielają preferencyjnych pożyczek dla małych przedsiębiorstw. (REDP, 2007, s. 2)

Dlatego też rzeczywista realizacja rozpoczyna się po mobilizacji społeczności poprzez przygotowanie sprawozdania z wykonalności technicznej, sprawozdania z oceny oddziaływania na środowisko oraz sprawozdania z rozwoju wrażliwych społeczności (VCDR)[13].

---

[13] *Wywiad z Rolniczym Doradcą Energetycznym Regionu Zachodniego ,(REDP) Nepal, 6.10.2010*

3.2 Mikroelektrownie, które mają być wzajemnie połączone

W mikroelektrowniach wodnych energia elektryczna wytwarzana jest z wykorzystaniem energii spadającej wody (tj. energii kinetycznej), która uderza w turbinę podłączoną do generatora elektrycznego. Siedem istniejących mikroelektrowni wodnych rozpatrywanych w tym badaniu ma być połączonych z linią przesyłową 11kV. Te mikroelektrownie wodne obejmują 4 VDC, a mianowicie Rankhani, Sharkawa, Damek, Pauyanthanthap okręgu Baglung, jak wspomniano w rozdziale 2.

3.2.1 Podstawowe informacje o mikroprzedsiębiorstwach wodnych

Siedem MHPS to: Kalung Khola MHDS-12kW, Kalung Khola MHDS-22kW, Urja Khola I MHDS-26kW, Urja Khola II MHDS-10kW, Urja Khola III MHDS-25kW, Nanda Rice Mill-12kW oraz Theula Khola MHDS-24kW. Łączna liczba gospodarstw domowych zelektryfikowanych ze wszystkich siedmiu istniejących MHKW Run off River wynosi 1310. To wszystko obejmuje cztery VDC dzielnicy Baglung. Łączna moc tych MHP wynosi około 129 kW.

Spośród siedmiu elektrowni sześć zostało utworzonych przy finansowym i technicznym wsparciu REDP/UNDP jako program demonstracyjny mikroelektrowni w pierwszej fazie programu. Wszystkie te MHP są środowiskowymi MHP-ami. Zakład ryżowy Nanda był własnością prywatną, która po negocjacjach z właścicielem jest obecnie własnością społeczności. Zakład ten jest obecnie w trakcie reinstalacji, która obejmie kilka oddziałów Damek VDC oraz oddziały 4 i 5 Sarkawa VDC. Źródłem zrzutu jest ta sama rzeka. Istotna cecha siedmiu MHP jest szczegółowo opisana poniżej:-

a) <u>Upper Kalung Khola MHDS:</u>

- Znajduje się w Paiyunthanthap VDC, 4, Lamashu , dzielnice Baglung.
- Utworzony w 2005 r. przy wsparciu AEPC /REDP
- Łącznie głowa brutto 60m
- Wyładunek przepływu 40lps
- Całkowita wyprodukowana moc 12kW
- Gospodarstwo domowe zelektryfikowane 117 HHs
- Całkowity koszt projektów to Nrs. 17,87,203

b) <u>Kalung Khola MHDS</u>

- Znajduje się w, Paiyunthanthap VDC, dzielnice Baglung.
- Utworzony w 1999 r. przy wsparciu REDP/AEPC

- Ogółem głowa brutto 54m
- Wyładunek przepływu 80lps
- Całkowita moc 22kW
- Gospodarstwo domowe zelektryfikowane 230 HHs
- Całkowity koszt projektów to Nrs. 23,83,759

c) Urja Khola IMHDS

- Znajduje się w, Rangkhani VDC, dzielnice Baglung.
- Utworzony w 2001 r. przy wsparciu REDP/AEPC
- Ogółem głowa brutto 54m
- Wylot przepływu 100lps
- Całkowita moc 26kW
- Gospodarstwo domowe zelektryfikowane 292 HHs
- Całkowity koszt projektów to koszty NR. 26,39,866

d) Urja Khola II

- Znajduje się w, Rangkhani VDC, dzielnice Baglung.
- Utworzony w 2003 r. przy wsparciu REDP/AEPC
- Ogółem głowa brutto 17m
- Wylot przepływu 110lps
- Całkowita moc 10kW
- Gospodarstwo domowe zelektryfikowane 120 HHs
- Całkowity koszt projektów to koszty NR. 13,24,890

e) Urja khola III

- Znajduje się w, Paiyun VDC, dzielnice Baglung.
- Utworzony w 2005 r. przy wsparciu REDP/AEPC
- Ogółem głowa brutto 47m
- Wylot przepływu 110lps
- Całkowita moc 25kW
- Gospodarstwo domowe zelektryfikowane 210 HHs
- Całkowity koszt projektów to NRs. 29 90564

f) Nanda Rice Mill

- Znajduje się w, Damek VDC, dzielnice Baglung
- Utworzony w 1999 r. przy wsparciu REDP/AEPC
- Ogółem głowa brutto 13m
- Wyładunek przepływu 200lps
- Całkowita moc 10kW
- Gospodarstwo domowe zelektryfikowane 120 HHs

g) Theula Khola MHDS

- Znajduje się w, Sarkawa VDC, dzielnice Baglung
- Utworzony w 1999 r. przy wsparciu REDP/AEPC
- Ogółem głowa brutto 32m
- Wylot przepływu 150lps
- Całkowita moc 24kW
- Gospodarstwo domowe zelektryfikowane 290 HHs
- Całkowity koszt projektów wynosi 25,59,261 NRs.

3.2.2 Analiza techniczna

Podczas wizyty w terenie sprawdzono różne cechy techniczne i zmierzono również moc wytwarzaną w elektrowni. Badania terenowe pokazują, że większość MHP nie ma żadnych większych problemów cywilnych, elektrycznych i mechanicznych.

Jednak zastosowanie prymitywnej technologii, lokalnie wykonanej turbiny, generatora indukcyjnego, ręcznych bramek wlotowych, prostszego regulatora obciążenia i częstotliwości oraz wielu innych czynników przyczynia się do obniżenia sprawności instalacji. Rośliny mają również niski współczynnik obciążenia, ponieważ pobór mocy odbywa się głównie rano i wieczorem na potrzeby oświetlenia.

Elektroniczny sterownik obciążenia (ELC) w MHP jest urządzeniem głównym. W żadnym z tych MHP nie ma automatycznej regulacji napięcia z układem wzbudzania generatora, ani żadnych środków automatycznej regulacji napięcia i częstotliwości. Istnieją minimalne urządzenia zabezpieczające, takie jak MCCB (Molded Case Circuit Breaker), MCB (Miniature Circuit Breaker) (ESAP, 2007, s. 3).

Struktura cywilna, taka jak kanał wlotowy headrace i tailrace są w dobrym stanie, ponieważ nie ma poważnego problemu z osuwaniem się ziemi w kanale headrace całej elektrowni. Podobnie część mechaniczna również działa prawidłowo, należy spodziewać się niektórych z turbin, które mają problemy z przeciekami. Stwierdzono, że urządzenia elektromechaniczne działają prawidłowo w prawie wszystkich elektrowniach. Pewne drobne problemy, z którymi mieliśmy do czynienia w przeszłości, dotyczyły części elektrycznej mikrohydrauliki, głównie płytki ELC i AVR. Wraz z wymianą tych urządzeń wszystkie MHP pracują obecnie bez zakłóceń.

Moc została zmierzona za pomocą prawdziwego miernika mocy i stwierdzono, że łączna moc wszystkich siedmiu elektrowni wynosi 129 kW przy pełnym otwarciu zaworu. Zmierzono pobór mocy w godzinach szczytu i stwierdzono, że trzy elektrownie, Theula Khola, Urja Khola III i Upper Kalung Khola, mają nadwyżkę mocy, podczas gdy inne mają niedobór jej wytwarzania.

Ze względu na niedobór mocy, w niektórych miejscach napięcie jest zniekształcone, a w niektórych miejscach odbywa się również zrzut obciążenia. Przy pomiarze w domu znajdującym się najdalej od zakładu spadek napięcia był dość wysoki i wynosił 200Vas w porównaniu z napięciem 230V zakładu. Wiele osób używa dodatkowo świetlówek kompaktowych z żarówką, a wiele osób ma również telewizor i VCD. Na podstawie przeprowadzonych badań stwierdzono, że średnie połączone obciążenie na HH wynosi 100 W.

We wszystkich spodziewanych elektrowniach w Górnej Kalung Khola i Nanda Rice są przeważnie dwaj operatorzy, którzy mają tylko jednego operatora. Ponieważ moce wytwórcze tych dwóch elektrowni są niskie, a zatem przychody z nich uzyskiwane są niskie, aby pozwolić sobie na korzystanie z usług więcej niż jednego operatora.

a) Taryfa ustalona w MHP

Tabela 3. 1 Taryfa dla gospodarstw domowych MHP

S. Nie.	Nazwa Micro hydro	Taryfa za 100 watów miesięcznie w Nrs.
1	Górny kalung Khola	50
2	Kalung Khola	60
3	Urja khola 1	50
4	Urja khola III	100
5	Młyn ryżowy Nanda Rice	120

6	Urja khola II	60
7	Theula Khola	100

(Źródło: Autor)

Proste taryfy oparte na mocy są ustawione we wszystkich MHP. Wszyscy konsumenci i małe przedsiębiorstwa płacą taryfę opartą na maksymalnej wykorzystanej mocy (Power tariff). Taryfa została ustalona przez komitet zarządzający zakładów MHP.

3.2.4 Zarządzanie

Zaangażowanie ze strony kierownictwa jest bardzo ważne dla uzyskania owocnych wyników projektu. Przeprowadzono więc również badania nad oceną zdolności i postawy kadry zarządzającej każdego z zakładów. Jeśli wystąpią problemy z zarządzaniem eksploatacją i utrzymaniem instalacji, mogą wystąpić takie same problemy podczas eksploatacji i zarządzania siecią. Badanie to koncentruje się również na określeniu zapotrzebowania na dodatkową siłę roboczą i szkolenia. Dlatego też niniejsze opracowanie koncentruje się głównie na analizie dostępności zasobów ludzkich w każdym zakładzie, częstotliwości regularnych spotkań, umiejętności technicznych operatorów, prowadzenia ksiąg rachunkowych, odpowiednich narzędzi do utrzymania.
Eksploatacja, konserwacja i zarządzanie elektrownią odgrywają kluczową rolę dla niezawodnego i zrównoważonego systemu[14]. Nawet kosztowny, dobrze zaprojektowany system z wysokiej jakości komponentami może nie działać niezawodnie, jeśli te zadania nie są właściwie wykonywane[15].
Dlatego też podstawowym kryterium wyboru operatora elektrociepłowni jest osoba ze społeczności, która ukończyła co najmniej szkołę średnią. Wyboru dokonuje się podczas spotkania wspólnoty roboczej w obecności wszystkich beneficjentów energii elektrycznej. Operatorzy elektrowni przechodzą co najmniej trzydziestopięciodniowe szkolenie operatorów przez AEPC/REDP przed budową KWKM, tak aby mogli oni prawidłowo eksploatować i konserwować elektrownię. Podobny proces jest stosowany przy wyborze menedżera MHP.

Główną odpowiedzialnością operatora instalacji jest uruchomienie i wyłączenie instalacji zgodnie z ustalonym wcześniej harmonogramem oraz zapewnienie jej prawidłowego i niezawodnego działania. Powinni oni prowadzić dziennik i aktualizować zapis. Zapis ten pomoże zmienić harmonogram taryfowy i pomoże wskazać wszelkie problemy, które pojawią się w elektrowni. W większości

[14] http://www.riaed.net/IMG/pdf/Mini-Grid_Design_Manual-partie1.pdf pg 176

[15] *ibid*

przypadków rejestrowano codzienne godziny pracy. Odczyt licznika energii (kWh) był również rejestrowany raz dziennie.

Codzienne odczyty liczników energii zostały zapisane w dzienniku pokładowym w pięciu elektrowniach, w których podobnie jak w dwóch elektrowniach Theula Khola MHDS (24kW) i Nanda Rice Mill nie prowadzono takiej księgi. Wynika to z faktu, że młyn Nanda Rice był wcześniej własnością prywatną i właściciel nie musiał prowadzić księgi rachunkowej. W przypadku Theula khola, z powodu złego zarządzania systemami, wydatkami i dochodami, nie są oni w stanie prowadzić dziennika.[16]

Ponadto, odczyty napięcia i prądu wyjściowego również nie są rejestrowane. Są one ważne do zarejestrowania, ponieważ są to wskaźniki potencjalnych problemów, które mogą prowadzić do awarii systemu, problemów takich jak niezrównoważone fazy, fazy nadmiernie obciążone, nieoczekiwane obciążenie i nieprawidłowe ustawienie napięcia na generatorze, Wszelkie nietypowe obserwacje (hałasy, niezwykle wysokie zużycie paliwa, okazjonalne wysokie zapotrzebowanie na prąd, które może wskazywać na usterki lub kradzież mocy, szczegóły dotyczące skarg konsumentów na niskie napięcie, częste wyłączniki itp.

Z 7 elektrowni, operator w Górnej Kalung khola, jeden operator Theula khola i operator Urja khola III nie są przeszkoleni. Istnieje potrzeba przeszkolonych operatorów, aby mogli oni prawidłowo obsługiwać instalacje w celu uniknięcia i ograniczenia częstych problemów w instalacji. Szkolenie odświeżające dla operatora jest również niezbędne, aby zaktualizować je o nowe instrumenty i technologie.

Istnieje potrzeba wyszkolonego menedżera, a także właściwego zarządzania MHP i maksymalizacji przychodów. Z siedmiu dobrze zarządzanych elektrowni, pięć oczekuje dwóch, które mają problemy z zarządzaniem. Są to Urja khola III i Theula Khola, gdzie występują spory dotyczące zarządzania, ponieważ nie ma przejrzystości przychodów i wydatków. Ponadto w Theula khola toczy się spór między dwiema stronami, w związku z czym ludzie we wspólnocie są podzieleni na dwie strony. Konflikt był tak ogromny, że zakład został zamknięty podczas mojej wizyty w miejscu badań.

[16] *Operator Theula khola Nar Bahadur Pun*

3.2.5 Cechy kierownicze i finansowe

Większość menedżerów przeszła dwutygodniowe szkolenie w zakresie swoich obowiązków. Głównym zadaniem kierownika jest prowadzenie ksiąg rachunkowych i pobieranie przychodów z elektrowni. Pobór dochodów we wszystkich elektrowniach jest obecnie zadowalający. Prawie wszyscy konsumenci płacą taryfę w danym momencie.

W niektórych elektrowniach grupa funkcjonalna (GF) obniżyła taryfę, jak pokazano w tabeli 3.2 poniżej, po spłaceniu przez nie kredytu bankowego. W prawie wszystkich elektrowniach podwyższa się taryfy, ale nie są one znaczące. W związku z tym nie było sporu i argumentu dotyczącego podniesienia taryf dla gospodarstw domowych i handlowych. Obecnie w prawie wszystkich elektrowniach dochody wystarczają tylko do zrównoważenia wydatków. We Wspólnotowym Funduszu Energetycznym (CEF) nie było żadnej zbiórki pieniędzy. Całkowity miesięczny pobór dochodów wszystkich elektrowni oraz wydatki przedstawiono w tabeli w załączniku 7.

Tabela 3.2 Kwota i data zmiany taryfy w MHP

S.N	Nazwa Micro hydro	Zmiana taryfy	Taryfa wstępna na 100W	zmieniona taryfa na 100 W	Data zmiany
1	Theula Khola	Raz	100	90	2000
			90	taryfa minimalna 50 Rs	
2	Urja khola III	0			
3	Urja khola 1	Raz	100	50	2003
4	Górny kalung Khola	Raz	80	50	2006
5	Kalung Khola	Cztery razy	20	25	2000
			25	40	2003
			40	50	2006
			50	60	2008
6	Urja khola II	Trzy razy	100	60	2003
			60	80	2004
			80	60	2007
7	Młyn ryżowy w Nanadzie	Raz	100	120	2001

(Źródło: autor)

<u>Edukacja konsumencka</u>

Prawie wszyscy konsumenci wszystkich MHP byli świadomi, że muszą płacić za usługi, na których otrzymanie się zgadzają i które są niezbędne do bieżącej eksploatacji zakładu. Wszelkie niepłacenie rachunków przez konsumentów powoduje, że hydroelektrownia Micro jest w złym stanie, co ma wpływ na całą społeczność i same projekty. Co więcej, było również jasne, że jeśli płatność jest zaległa, gospodarstwo domowe zostanie odłączone. Dlatego też całe gospodarstwo domowe płaci rachunki za energię elektryczną na czas (we wszystkich elektrowniach nie ma zapisu, że konsument nie płaci rachunków za energię elektryczną i jest skłonny płacić także za dodatkową energię).

Polityka odłączania

Aby zachęcić do płacenia rachunków, istnieje pisemna polityka dotycząca odłączenia indywidualnych konsumentów od mikroelektrowni wodnych i jest ona wyjaśniona na spotkaniu publicznym. Wszystkie mikroelektrownie wodne posiadają tego typu politykę

Kradzież władzy

Należy również uświadomić konsumentom, że wszelkie kradzieże energii elektrycznej nie będą tolerowane, ponieważ zagroziłyby funkcjonowaniu całego systemu (NEA, 2060, s. 15). Należy jasno określić sposób postępowania w przypadku stwierdzenia, że któryś z konsumentów próbuje podjąć tego typu działania.

Istnieje grupa obrotowa, która wykonuje niespodziewane kontrole i jeśli ktoś kradnie prąd, zostaje ukarany grzywną. W przypadku stwierdzenia kradzieży konsumenta po raz trzeci, dom zostanie odłączony od zasilania.

Świadomość możliwości elektrycznych zastosowań końcowych

Ponieważ wszystkie elektrownie działają od ponad 5 lat, ludzie są świadomi zużycia energii elektrycznej. Oni również są świadomi końcowych zastosowań elektrycznych, wielu urządzeń elektrycznych.

Ponieważ obszar badawczy ma dostęp drogowy do siedziby głównej, mieszkańcy tego regionu bardzo chętnie zakładają średnie branże, takie jak przetwórstwo mleka, duża ferma drobiu, warsztat mechaniczny, samochodowy i wiele innych.

Bezpieczeństwo

Energia elektryczna jest nowym towarem w społecznościach wiejskich. Wszystkie gospodarstwa domowe, zarówno konsumenci, jak i osoby niebędące konsumentami, powinny być świadome, że zabawa lub dotykanie linii elektrycznych może prowadzić do śmierci. Powinno to być również podkreślone przez nauczycieli w szkołach. Niektóre z tych ostrożnych pomysłów, którymi należy się podzielić ze społecznością, to m.in:

Dla większego programu elektryfikacji należy przygotować i rozesłać do każdego gospodarstwa domowego w gminie broszurę dotyczącą bezpieczeństwa elektrycznego. W tej broszurze należy przede wszystkim zwrócić uwagę na różne niebezpieczne sytuacje związane z elektrycznością. Atrakcyjne plakaty edukacyjne z czytelnymi ilustracjami dotyczącymi bezpieczeństwa mogą być dystrybuowane do wszystkich gospodarstw domowych i szkół w celu zwiększenia świadomości w zakresie bezpieczeństwa elektrycznego (Inversin A.R 2000, s. 176).

Ludzie we Wspólnocie mają bardzo małą wiedzę na temat bezpieczeństwa, o którym mowa. W związku z tym niezbędne jest zapewnienie mieszkańcom społeczności wiedzy na temat czynnika bezpieczeństwa w zakresie wykorzystania energii elektrycznej.

3.2.6 Polityka rządu w odniesieniu do rozwoju mikroelektrowni wodnych

"Wielu rządom udało się wprowadzić nowoczesne usługi energetyczne do większości populacji". Kraje tak zróżnicowane jak Kostaryka i Chiny osiągnęły wskaźniki elektryfikacji gospodarstw domowych znacznie powyżej 80 procent" (ESMAP, 2000, p1). Ale wiele innych programów nie odniosło sukcesu, mimo wielkiego nakładu czasu i pieniędzy. Najbardziej udane wiejskie programy energetyczne wiążą się z jakąś formą subsydiowania, ale subsydia raczej wzmacniają niż osłabiają rentowność programu.

Podobnie elektryfikacja przez mikroelektrownię wodną jest udanym programem energetycznym na obszarach wiejskich w Nepalu z dotacją rządu Nepalu z pomocą agencji darczyńców.

Struktura instytucjonalna rozwoju mikrogospodarki wodnej w Nepalu

AEPC jest podstawową instytucją zajmującą się rozwojem energii odnawialnej w Nepalu. AEPC jest najwyższym organem rządowym utworzonym przy Ministerstwie Nauki i Technologii Środowiska, który jest odpowiedzialny za formułowanie polityki związanej z wszelkimi formami technologii energii odnawialnej [17]. AEPC otrzymuje wsparcie w ramach programu pomocy dla sektora energetycznego [18] (ESAP), Danida. AEPC jest pośrednikiem pomiędzy sektorami prywatnymi/członkami społeczności/realizującymi organizacje pozarządowe a rządem/darczyńcami. AEPC ułatwia formułowanie polityki i jej realizację. Wszystkie dotacje, substancje finansowe

[17] *http://aepc.gov.np/index.php?option=com_frontpagetemid=1* 2009.07.07

[18] *http://www.aepc.gov.np/index.php?option=com_contentiew=articled=105temid=130 2009.07.07*

związane z energią alternatywną (Micro hydro, Solar, biogaz itp.) są przekazywane za pośrednictwem AEPC.

Dlatego też, podobnie jak w przypadku innych promocji energii odnawialnej, instytucje zaangażowane w sektor MEW to rządowa agencja Centrum Promocji Energii Alternatywnej (AEPC). W przypadku MHP jego głównym celem jest poprawa jakości oraz rentowności technicznej i ekonomicznej.

Rząd Nepalu zapewnił dotację w ramach nowej polityki NRS w wysokości 15 000 na gospodarstwo domowe na projekt MHP powyżej 5 kW i do 500 kW, ale dotacja nie będzie większa niż 125 000 NPR na wytworzoną KW (AEPC,2009, s. 2). Dodatkowa dotacja zostanie również przeznaczona na transport sprzętu i materiałów projektu MHP. Dotacja transportowa w wysokości 500 NPR za kilometr za kW zostanie przyznana na podstawie odległości, jaką portier pokonuje od najbliższego czoła drogi do miejsca realizacji projektu MHP, znajdującego się w odległości ponad 10 km od czoła drogi. Nie przekroczy to jednak 30 000 NRs na wyprodukowaną moc kW (ibidem).

Jednakże inne organizacje rządowe i pozarządowe, takie jak Practical Action, Tribhuvan University, Nepal Academy of Science and Technology (NAST), UNDP, Win rock International, Rural Energy Development Programme itp. są aktywnie zaangażowane w promocję Micro hydro.

3.3 Ograniczenia autonomicznej mikroelektrowni wodnej

Nawet te elektrownie działają sprawnie jako Samodzielna Mikroelektrownia ma pewne ograniczenia w porównaniu do połączonych ze sobą elektrowni, które są opisane poniżej:

a. Tylko ograniczona zdolność wytwórcza do zaspokojenia popytu (do dostarczenia dodatkowych ładunków)

b. Zasilanie musi zostać odcięte podczas awarii lub planowanej konserwacji instalacji.

c. Ograniczenie mocy silnika w związku z przepięciami łączeniowymi (Prąd rozruchowy)

d. Niższy współczynnik obciążenia ze względu na ograniczoną liczbę konsumentów i niewielką liczbę przedsiębiorstw

e. Ten sam wzór konsumpcji.

f. Trudne do poprawy jakości zasilania.

g. Ciągła praca instalacji (zwiększenie zużycia M/C, skrócenie żywotności) jako ciągłe wyłączanie i włączanie.

h. Niemożliwe jest zapewnienie dwudziestu czterech godzin dostaw dla roślin, które dzielą się wodą do przemiału lub nawadniania i zużycia energii tylko rano i wieczorem.

i. Ograniczenie wiedzy technicznej i menedżerskiej. (uczenie się od innych)

Tak więc szereg ograniczeń i wyzwań systemu rozproszonego można przezwyciężyć konstruując mini grid (integracja wielu MHP). Zostało to bardziej szczegółowo wyjaśnione w rozdziale 4.

3.4 Analiza danych dotyczących gospodarstw domowych

W celu poznania schematu zużycia energii w lokalnych źródłach dochodów gospodarstwa domowego i gotowości do płacenia za energię elektryczną, przeprowadzono badanie gospodarstw domowych. Wraz z badaniem gospodarstw domowych przeprowadzono spotkania grupowe z mieszkańcami, menedżerami i operatorami tych obiektów.

Zgodnie z przeprowadzonym badaniem gospodarstwa domowego, uzyskano następujące wyniki dotyczące struktury dochodów, wzoru zużycia energii w obszarze badań. Na podstawie uzyskanych wyników wyciągnięto wnioski.

3.4.1 Struktura dochodów miejsca badania

Z wykresu uzyskanego z badania wynika, że prawie 31 % gospodarstw domowych ma dochody w przedziale od 50000 do 100000 NR rocznie. 19,72% ma dochód niższy niż NR. 20000 rocznie; w tym przypadku większość z nich zależy od dziennego wynagrodzenia. Z badania wynika, że średnia liczba członków w jednym gospodarstwie domowym wynosi 6,5. 49% z nich to mężczyźni, a pozostali to kobiety. Struktura dochodów gospodarstw domowych jest pokazana na wykresie 3.2. Jest to wynik losowego badania przeprowadzonego w badanych obszarach. Z wykresu wynika, że dochody i status ekonomiczny gospodarstw domowych nie są tak wysokie, ale nie są nawet bardzo niskie. Jest to spowodowane tym, że jeden lub dwóch członków rodziny ma zatrudnienie za granicą.

Większość dochodów gospodarstwa domowego pochodzi z zagranicznego zatrudnienia i rolnictwa. Wynika to z faktu, że młodsze pokolenie przenosi się do innych krajów w celu podjęcia pracy (Maleasia, Katar i ZEA). Poza tym niewiele jest gospodarstw domowych świadczących usługi biznesowe i inne.

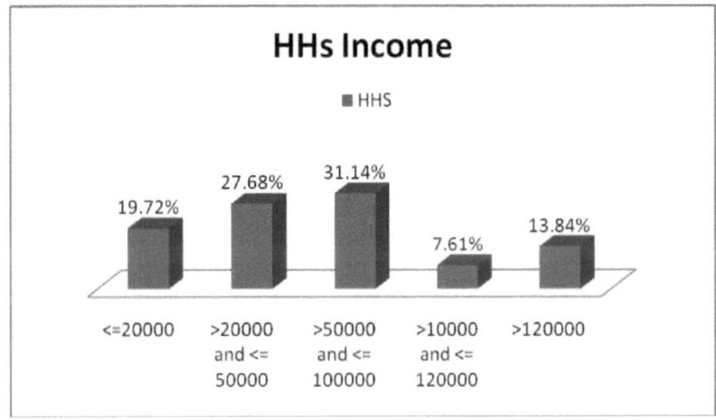

Rysunek 3. 2 Struktura dochodów obszarów studiów

Źródło: Autor

3.4.2 Scenariusz energetyczny obszaru badań

Nośniki energii i usługi energetyczne w badanych obszarach zostały podsumowane w tabeli 3.3 Tabela pokazuje, że różne nośniki energii i końcowe wykorzystanie energii są wykorzystywane w badanym obszarze. Do gotowania używa się głównie drewna opałowego. Podobnie jak oświetlenie, w domu zużywa się energię elektryczną. Kerosen jest używany tylko do zapłonu podczas gotowania i nie jest używany do celów elektryfikacji.

Tabela 3. 3 Przewoźnicy energii i usługi energetyczne w obszarze badań

Nośnik energii	Końcowe wykorzystanie energii
Drewno opałowe	Gotowanie; Ogrzewanie pomieszczeń; Gotowanie Karmienie zwierząt
Energia elektryczna	Oświetlenie
Kerosene	Zapalić ogień
Siła zwierząt	Aby zaorać ziemię do celów rolniczych
Baterie z suchymi ogniwami	Latarka
Solar	Suszenie ziaren

Źródło: Autor

Tabela 3.3 pokazuje formę energii wykorzystywaną w badanych obszarach i cel wykorzystania tej innej formy energii.

a) Gotowanie

Wszystkie gospodarstwa domowe w VDC wykorzystują energię elektryczną pochodzącą ze wspólnotowych mikroelektrowni wodnych do celów oświetleniowych . 99% gospodarstw domowych na badanym obszarze wykorzystuje drewno opałowe do gotowania, a pozostałe używają biogazu. Na badanym obszarze drewno opałowe jest zwykle zbierane ze wspólnych zasobów majątkowych, takich jak Lasy Wspólnoty, Lasy Państwowe i pastwiska. Niektóre gospodarstwa domowe pozyskują drewno opałowe z drzew rosnących na ich własnej ziemi, podczas gdy bezrolni są zależni od wiejskiej wspólnoty lub od działek innych ludzi, często w zamian za usługi pracy. Koszt drewna opałowego wynosi od Rs.80 do Rs.100 za paczkę.

Pozostałości z upraw są zbierane jako produkty uboczne z hodowli bydła lub rolnictwa. W przypadku tych "pozostałości" paliw, kobiety i dzieci zbierają je prawie w całości, ale mężczyźni pomagają w transporcie pozostałości upraw z pól do domów.

Jedno gospodarstwo domowe zużywa średnio 8 do 15 pakietów drewna opałowego miesięcznie. Zgodnie z przeprowadzonym badaniem gospodarstwa domowe zużywają maksymalnie 5 do 10 wiązek[19] drewna opałowego do gotowania w ciągu jednego miesiąca. Szczegóły dotyczące użytego drewna opałowego są przedstawione w tabeli 3.4.

Tabela 3. 4 Drewno opałowe wykorzystywane przez gospodarstwa domowe w ciągu miesiąca

Drewno opałowe (Wiązka) na miesiąc	HHs	Średni koszt drewna opałowego (pakiet)
Gospodarstwo domowe używające mniej niż 5 Bhari	61	80
Więcej niż 5 i mniej niż 10	135	80
>10 i mniej niż 15	66	80
>15 i mniej niż 20	19	80
więcej niż 20	6	80

(Źródło: Autor)

[19] *1 Wiązka równa się prawie 50 kg*

b) Oświetlenie

Domy wiejskie na tych terenach są zelektryfikowane za pomocą komunalnych mikroelektrowni wodnych. Większość gospodarstw domowych wykorzystywała moc 100W do oświetlenia swoich domów. 4 żarówki o mocy 25 W każda są zwykle używane w większości gospodarstw domowych, a taryfa jest różna w różnych MHP, od Nrs100 do Nrs50 na 100 W zużytej mocy. Zużywają oni energię elektryczną do celów oświetleniowych od ponad 5 lat odpowiednio z każdego zakładu. Dlatego prawie wszystkie badane gospodarstwa domowe są od dawna zelektryfikowane i korzystają z energii elektrycznej. Tabela 3.5 pokazuje, ile watów każde gospodarstwo domowe zużywa do elektryfikacji gospodarstw domowych.

Spośród 290 HH w obszarze objętym badaniem, 284 gospodarstwa domowe odpowiedziały na pytanie badawcze dotyczące oświetlenia. Tabela 3.5 pokazuje, że 136 gospodarstw domowych zużywa po 100 W mocy do oświetlenia swoich domów, 81 HH zużywa 50 W do tego samego (z wykorzystaniem CFL).

Tabela 3. 5 Zużycie energii elektrycznej w gospodarstwach domowych

S.N	Energia elektryczna (wat)	HHs	Uwaga
1	10	3	
2	25	17	
3	50	81	
4	75	33	
5	100	136	
6	125	4	
7	więcej niż 125	10	
	Łącznie HHs	**284**	

(Źródło: Autor)

c) Pozostałe urządzenia elektryczne gospodarstwa domowego

Ludzie z Rangkhani VDC, Sarkawa VDC i Pauyainthanthap VDC używają różnych urządzeń elektrycznych. Ponieważ młodsze pokolenia wybierają się do pracy za granicą, radio, telewizja i telefony komórkowe są w tych dziedzinach powszechne. Badania pokazują, że spośród 290 HHs 202 HHs używają radia; 76HHs własne telewizory i 107 HHs używa telefonów komórkowych do komunikacji.

3.5 Prognoza obciążenia

3.5.1 Obecna krzywa obciążenia MHP

Wykres 3.5a pokazuje, że maksymalne zużycie energii elektrycznej wynosi od 7pm do 9pm. Jest to czas, kiedy prawie wszystkie domy zużywają energię elektryczną do oświetlenia swoich gospodarstw domowych. W okresie pomiędzy 0:00-04:00 wszystkie siedem elektrowni jest wyłączonych z powodu braku obciążenia. Na podstawie przeprowadzonych obliczeń stwierdzono, że całkowity współczynnik obciążenia wszystkich instalacji pracujących w trybie izolowanym wynosi 42%. Na rys. 3.3 przedstawiono kombinowaną krzywą obciążenia przy pracy instalacji w trybie izolowanym. Obliczenia są przedstawione w załączniku. 3

Łącząc wszystkie odczyty liczników energii uzyskane z siedmiu elektrowni. Dzienna krzywa obciążenia w ciągu dnia jest pokazana na rys. 3.3.

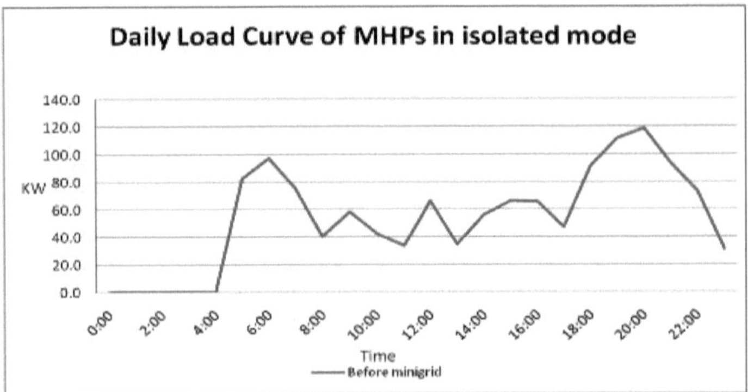

Rysunek 3. 3 Łączenie dziennego profilu obciążenia MHP

Źródło: Autor

Krzywa pokazuje, że zapotrzebowanie na moc jest szczytowe w godzinach 19-21 wieczorem. Maksymalne zużycie energii w godzinach szczytu wynosi około 119 kWh, czyli o 10 kWh mniej niż w przypadku wszystkich generacji. Podobnie zapotrzebowanie na ładunek jest wysokie w godzinach porannych około 6 rano. Ze względu na brak obciążenia w nocy wszystkie MHP są w trybie wyłączenia od 00 do 04 rano. W ciągu dnia eksploatowane są głównie młyny elektryczne.

3.5.2 Krzywa obciążenia po połączeniu MHP

Z przeprowadzonych badań losowych wynika, że w większości MEW wytwarzanie energii elektrycznej nie jest wystarczające do zaspokojenia potrzeb ludzi. Dlatego wiele gospodarstw domowych używa CFL do oświetlenia. Większość gospodarstw domowych chce używać urządzeń elektrycznych, takich jak telewizory, kuchenki do ryżu, lodówki, wentylatory i inne. Ale ze względu na ograniczoną moc nie są one w stanie używać tych urządzeń. Gdzie spośród siedmiu dwóch MHP mają nadwyżkę mocy w godzinach szczytu wieczornego. Oprócz tych dwóch, wszystkie elektrownie wodne Micro pracują z pełnym obciążeniem w godzinach szczytu.

Ludzie są skłonni zapłacić za dodatkową energię elektryczną, tak aby mogli użyć wystarczającej ilości żarówek do oświetlenia swoich domów, aby móc używać różnych urządzeń elektrycznych. Z danych pierwotnych uzyskanych w terenie 77% ogółu badanych gospodarstw domowych potrzebuje więcej energii elektrycznej, a tylko 33% jest zadowolonych z aktualnie uzyskiwanej energii elektrycznej. Są oni skłonni zapłacić dodatkowe pieniądze za energię elektryczną, ponieważ na 225 gospodarstw domowych 222 HH udzielają pozytywnej odpowiedzi. Podobnie tabela 3.6 pokazuje, że 141 HH potrzebuje dodatkowej mocy, aby korzystać z urządzeń elektrycznych, 70 gospodarstw domowych na 290 nie ma wystarczającej mocy elektrycznej do celów oświetleniowych, inne do małych przedsiębiorstw i jeszcze więcej. Te wszystkie dane liczbowe uzyskane z badania pokazują, że uzyskana energia nie jest wystarczająca do zaspokojenia potrzeb gospodarstw domowych na wsi, stąd dane wskazują, że zapotrzebowanie wzrośnie, jeśli ludzie uzyskają dodatkową energię do wykorzystania.

Tabela 3. 6 Energia elektryczna dla gospodarstw domowych potrzebna do różnych celów

S.N	Cel	Liczba gospodarstw domowych
1	Oświetlenie domu	70
2	Korzystanie z urządzeń elektrycznych	141
3	Małe przedsiębiorstwa	3
4	Oświetlenie / urządzenia elektryczne	9

(Źródło: Autor)

Małe przedsiębiorstwa:

Ludzie używają również energii elektrycznej do prowadzenia różnych małych przedsiębiorstw, takich jak fermy drobiu, młyny, sklepy komputerowe itp.

Ramka 1 Zapotrzebowanie na zastosowania końcowe

"Teraz wszystkie cztery VDC mają dostęp do sezonowych dróg z centrali dzielnicy. Pojazd jadący w tych miejscach z ładunkiem materiałów z centrali wraca prawie pusty z VDC. Pojazdy te mogą być używane do kruszenia kamienia z wioski do siedziby głównej, jeśli elektryczna kruszarka kamienia jest ustanowiony w tym obszarze. Dzięki temu na pewno pojawi się dobry rynek zbytu, a lokalna ludność zyska zatrudnienie. Dochody z sieci minigridowej wzrosną również dzięki sprzedaży energii elektrycznej poza godzinami pracy".

Aby poprawić krzywą obciążenia i zoptymalizować zużycie energii elektrycznej w ciągu dnia i w nocy, konieczne jest utworzenie średnich przedsiębiorstw. Przedsiębiorstwo zwiększy przychody elektrowni i zapewni lokalne możliwości zatrudnienia. W chwili obecnej działa kilka młynów i wszystkie one działają sprawnie i są w stanie płacić rachunki za energię elektryczną. Badanie pokazuje, że jeśli dostępna jest wystarczająca moc, ludzie są skłonni założyć małe przedsiębiorstwa, takie jak Warsztaty Metalowe, sieć telewizji kablowej, młyny ryżowe, piekarnie, mleczarnia i kruszarki do kamienia . Jeśli tego typu małe branże zostaną utworzone, to na pewno poprawi to współczynnik obciążenia i zwiększy niezawodność systemów.

Wszystkie podłączone mikroprocesory działają już od ponad pięciu lat i mają dostęp drogowy do siedziby powiatu. Jeśli uzyskają więcej energii elektrycznej, są skłonni założyć małe przedsiębiorstwa, takie jak warsztaty grillowo-metalowe, kruszarki, mleczarnie, młyny o dużym zasięgu i duże zakłady hodowli drobiu. W związku z tym, jeśli zapotrzebowanie zostanie zaspokojone, poprawi się współczynnik obciążenia zakładu, a przychody również wzrosną.

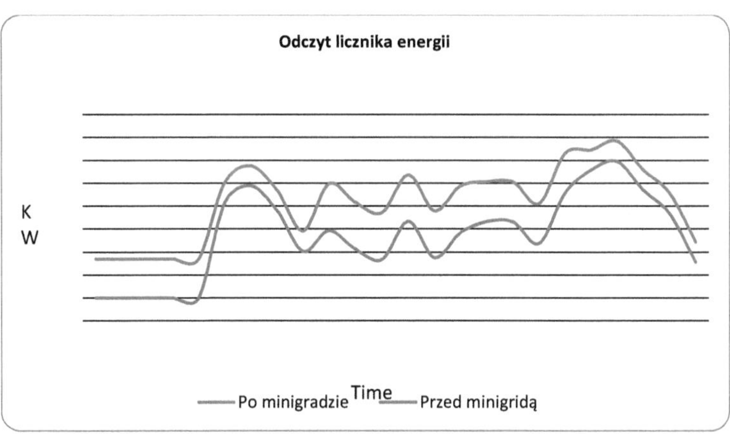

Rysunek 3. 4 load profile before and after mini grid network connection

(Źródło: Autor)

Łączona krzywa obciążenia po połączeniu, a przed połączeniem pokazana jest na rys. 3.4.Biorąc pod uwagę funkcjonowanie gospodarstwa mleczarskiego 24 godziny na dobę, przemysłu meblowego i młyna ryżowego odpowiednio przez 3 godziny na dobę, kruszarki przez 2 godziny na dobę i dodając dodatkowe zużycie energii elektrycznej na oświetlenie, krzywa obciążenia zostanie poprawiona. Obliczenia zostały przeprowadzone i stwierdzono, że współczynnik obciążenia zwiększy się o 23 %. Szczegółowe obliczenia przedstawiono w załączniku 4. Energia zużywana przez to ewentualne małe i średnie przedsiębiorstwo została szczegółowo przedstawiona w załączniku. W związku z tym zapotrzebowanie krajowe i komercyjne będzie wzrastać wraz ze wzrostem niezawodnych 24-godzinnych dostaw energii elektrycznej do odbiorcy końcowego. Dzięki połączeniu istniejących MHP, nastąpi optymalne wykorzystanie mocy. W związku z tym krzywa obciążenia uległa poprawie wraz z połączeniem istniejących MHP. Czas szczytowy wynosi 19,00-21,00, a zużycie energii w tym okresie wynosi 129,2 kWh. Konsumenci uzyskają bardziej niezawodną moc niż ta, którą uzyskują obecnie w przypadku samodzielnych instalacji.

Badanie statusu społeczno-ekonomicznego beneficjentów pokazuje, że gospodarstwa domowe są skłonne do posiadania większej ilości energii elektrycznej i są świadome dodatkowych pieniędzy, które muszą zapłacić. Są oni zdesperowani do korzystania z urządzeń elektrycznych, głównie telewizora, kuchenki do ryżu, komputerów itp.

Z ustaleń można zatem wywnioskować, że dzięki połączeniu międzysystemowemu MHP zapewni konsumentom dodatkową moc. A wraz z powstaniem średniej wielkości przedsiębiorstw wzrosną możliwości zatrudnienia miejscowej ludności. Zwiększą się też przychody elektrowni.

Rozdział 4. Minigrid: Opcje technologiczne w zakresie elektryfikacji obszarów wiejskich

4.1 Wprowadzenie do sieci Minigrid

Micro hydro służy społecznościom wiejskim od ponad dwóch dekad w Nepalu. Większość mikroelektrowni wodnych znajduje się na odległych obszarach, gdzie droga nie jest możliwa do oceny. Micro hydro wykorzystuje turbiny lokalnej produkcji, generator indukcyjny, ręczne zasuwy, prosty regulator obciążenia i częstotliwości, wszystkie te czynniki przyczyniły się do niskiej sprawności instalacji.[20]

Do oświetlenia domu dostarczono 100W energii elektrycznej z elektrowni prowadzonej przez gminę. Początkowo mieszkańcy wsi cieszyli się z elektryfikacji i doceniali ilość dostępnej dla nich energii dzięki zdecentralizowanemu systemowi dostaw energii. Z kilku lat oświetlenia domu z mikro energii elektrycznej hydro doprowadzi do zwiększenia zapotrzebowania na obciążenie, jak ludzie chcą korzystać z większej ilości mediów elektrycznych, więcej światła niż wcześniej. Zapotrzebowanie ludzi na energię wzrosło wraz ze wzrostem aktywności gospodarczej, a w późniejszych dniach dostęp do dróg w regionie. (Doświadczenie autora)

Dlatego system Minigrid przyczyni się do poprawy niezawodności zasilania, ponieważ w przypadku awarii jednej z elektrowni energia może być dostarczana z innych elektrowni. Zmniejsza rezerwy mocy elektrowni, poprawia współczynnik obciążenia, współczynnik zmienności i sprawność. Różne instalacje mają różny profil obciążenia, co zwiększa współczynnik zróżnicowania całego systemu, a efektywna wydajność systemu poprawi się. (Gupta J.B., 2005, s. 179)

Pomoże to w dzieleniu nadmiaru energii elektrycznej tam, gdzie występuje jej niedobór, oraz poprawi współczynnik obciążenia całego systemu. Część z nich obejmuje następujące korzyści (AEPC/ESAP, 2007, s. 3)

- Duża ilość energii w sieci stwarza możliwości tworzenia większych zakładów przemysłowych. Większe maszyny mogą otrzymywać zasilanie z sieci mini grid.

---

[20] (www.esha.be/fileadmin/esha_files/documents/.../ES3_H_Shakya.pdf *pg 2) w dniu 15/07/2010 r.*

- W przypadku nadmiaru mocy w instalacji sieci minigralnej transformatora dystrybucyjnego o odpowiedniej wielkości w pobliżu gminy wiejskiej udostępnić moc do Wioska, nie byłoby potrzeby realizowania własnych projektów elektryfikacji. (Inversin.A.R, 2002, p1)

- Wszystkie elektrownie pracujące z pełną mocą wytwórczą w ciągu całej doby poprawiają współczynnik wykorzystania mocy wytwórczych elektrowni.

- Zaspokajanie zapotrzebowania na energię poprzez dostarczanie energii z lekko obciążonych grup społecznych do silnie obciążonych lub odwrotnie

- Współdzielenie wytwarzania energii elektrycznej w kolejności cyklicznej w okresie niskiego zapotrzebowania w celu zmniejszenia zużycia M/C

- Mieszkańcy społeczności mogą korzystać z innych urządzeń elektrycznych, a gdy w jednej z elektrowni prowadzone są regularne prace konserwacyjne, to i tak społeczność będzie mogła uzyskać energię elektryczną do oświetlenia.

- Minigrid zwiększy dochody każdej MH poprzez zwiększenie wykorzystania energii elektrycznej, przejście z systemu taryfowego opartego na energii elektrycznej na system taryfowy oparty na energii zdyscyplinuje wykorzystanie energii.

- Sprzedaż może zostać zwiększona albo poprzez zasilanie dodatkowych silników albo poprzez wydłużenie czasu pracy istniejących silników (problem prądu rozruchowego może zostać drastycznie zmniejszony).

- Zminimalizowanie zagrożenia utraty tych odbiorców, którzy mogą mieć łatwy dostęp do odbioru energii z sieci krajowej (dla uzyskania całodobowego zasilania).

- Uzgodnienia dotyczące przyłączenia nie są opłacalne i technicznie niewykonalne w przypadku pojedynczej mikroelektrowni wodnej, która ma zostać przyłączona do sieci krajowej. Tak więc, mini grid jest podstawowym wymogiem i ekonomicznym rozwiązaniem dla przyszłego podłączenia do sieci w celu poprawy współczynnika obciążenia w maksymalnym możliwym stopniu.

Podobnie NEA została zobowiązana do zakupu energii elektrycznej z MHP, jeżeli sieć krajowa dotrze do obszaru dystrybucji MHP. Zarządzanie takimi małymi zakładami jest uciążliwe dla NEA. Dlatego też ekonomicznym rozwiązaniem jest dla nich położenie kresu mikroinstalacji wodnej, a nie zarządzanie małymi roślinami. Podłączenie Mini-siatki do sieci krajowej zapewni moc większą niż pojedyncze elektrownie i zachęci NEA do ich eksploatacji.

Siedem mikroelektrowni wodnych, które produkują energię elektryczną z tej samej rzeki na różnych obszarach, ma być połączonych ze sobą, aby stworzyć minigrid SN w okręgu Baglung jako projekt pilotażowy UNDP/REDP. Te siedem mikroelektrowni wodnych elektryzuje Damek, Rangkhani, Sarkawa i Pauythenthanthap zdalnego VDC w Baglung District. Wśród tych siedmiu mikroelektrowni wodnych wszystkie są zlokalizowane na terenie społeczności lokalnej, zarządzane poprzez inicjowanie lokalnej społeczności.

Wykorzystanie energii MH przez społeczność podczas ich potrzeb i sprzedaż tylko nadmiaru energii do sieci i promowanie małych i średnich przedsiębiorstw w okresie poza szczytem jest podstawową strategią tego połączenia minigridowego.

4.2 *Układ projektu minigridy*

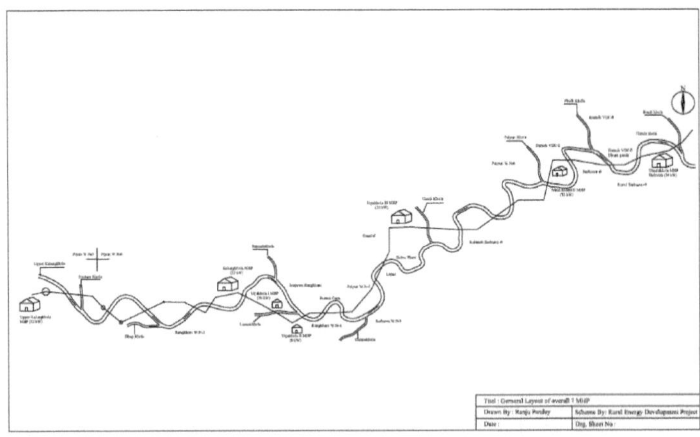

Rysunek 4. 1 Układ sieci minigridowej

(Źródło: autor)

Jak pokazano na rysunku 4.1, nadmiar energii elektrycznej będzie przekazywany przez linię przesyłową 11KV, a w odległości 7,5 km tylko na poboczu rzeki, gdzie znajduje się wszystkie siedem MEW. Linia przesyłowa biegnie od każdej z elektrowni tylko od strony rzeki, począwszy od khola górnego Kalung do MHDS Theula khola . Ponieważ moc ma być przesyłana przy wysokim napięciu niż poprzednia mikrowoda, należy uwzględnić odpowiednie bezpieczeństwo. Synchronizacja jest niezbędna i nie ma wątpliwości, że częstotliwość i napięcie powinny znajdować się w zakresie synchronizacji. Powinna również istnieć możliwość odpowiedniej rozbudowy, tak aby w przyszłości, w miarę wzrostu zapotrzebowania, przez tę samą linię przesyłową mogło przepływać więcej energii. Dlatego też aspekt techniczny powinien być starannie zaprojektowany. Moc powinna być wystarczająca i należy również zoptymalizować jej wykorzystanie.

Podobnie jak w przypadku aspektu technicznego, równie istotne znaczenie ma również aspekt ekonomiczny. Finanse są jednym z kluczowych czynników wpływających na dostosowanie się do tej technologii. Dlatego też analiza ekonomiczna jest również uważana za istotny czynnik przy tworzeniu projektów.

Nawet jeśli projekt jest rozsądny pod względem technicznym i ekonomicznym, jeśli nie jest to aspekt dla użytkowników końcowych, to nie ma on sensu. Dlatego też społeczny aspekt projektu jest również istotny i zawsze brany pod uwagę. Projekt powinien mieć dobre oddziaływanie w społeczeństwie. Przed wykonaniem minigridu, badania popytu, analizy podaży, analizy finansowej, oceny korzyści dla społeczności, oceny ryzyka należy dokonać.

Te wszystkie cztery czynniki zostały omówione szczegółowo poniżej w tej sekcji.

4.3 Techniczny aspekt połączenia minigridowego

Techniczna wykonalność projektów ma zasadnicze znaczenie dla ich długiej żywotności oraz dla bezpieczeństwa sprzętu i życia ludzkiego. W związku z tym należy je rozpatrzyć w pierwszej kolejności. Technicznie minigrid powinien być bezpieczny, mieć możliwość odpowiedniej rozbudowy i być wydajny.

Po podłączeniu odizolowanego systemu Micro hydro do systemu minigridowego, cały system staje się bardziej skomplikowany i robotyczny. Ponieważ każda elektrownia wodna cierpi głównie w porze suchej z powodu mniejszego odpływu w rzece. W przypadku rozładowania, będzie ono miało kaskadowy wpływ na napięcie i częstotliwość, co powoduje trudności podczas synchronizacji. Dla połączenia infrastruktury elektrycznej systemu, takiej jak kable, przekaźniki ochronne biegunów, urządzenia synchronizujące, urządzenia zabezpieczające i pomiarowe itp. powinny być starannie zaprojektowane. (Shakya.B: 2006, Pg17.)

Urządzenia zabezpieczające, jak również urządzenia pomiarowe powinny być zmodyfikowane zgodnie z obowiązkowymi wymaganiami Mini Grid. Jeśli częstotliwość zadziałań elektrowni lub linii dystrybucyjnej jest wysoka, sieć mini grid będzie mniej niezawodna. Jeśli awarie którejkolwiek z instalacji w ramach systemu mini grid pozostają wysokie, niezawodność ponownie spada. Niewyważenie napięcia, niewyważenie obciążenia, zmiany częstotliwości również utrudniają i utrudniają synchronizację.

Pole 2: Definicja bezpiecznego, odpowiedniego, rozszerzalnego i wydajnego systemu

*"Systemy **bezpieczne:** nie stanowią większego zagrożenia dla społeczeństwa niż standardowe systemy oparte na sieci miejskiej. Może on być zaprojektowany zgodnie z duchem wszelkich kodeksów i norm elektrycznych stosowanych w danym kraju.*

***Odpowiedni** system dostarcza wystarczającą ilość energii, kiedy i w razie potrzeby, w ramach wymaganego stopnia wydajności i jakości usług.*

***Możliwość rozbudowy** systemu oznacza zastosowanie konstrukcji, które minimalizują koszty cyklu życia poprzez zapewnienie pewnego stopnia rozbudowy, eliminując potrzebę wymiany lub przewlekania części systemu w miarę wzrostu obciążenia.*

***Wydajny** system to taki, który zapewnia akceptowalną obsługę elektryczną przy minimalnych kosztach przez cały*

Głównymi częściami technicznymi, które należy wziąć pod uwagę w przypadku minigrata, są: układ sterowania, układ zabezpieczający, dozowanie, rozdzielnica itp.

4.3.1 System zarządzania

Istnieją różne rodzaje systemów sterowania, takie jak regulator hydromechaniczny, regulator elektromechaniczny i elektroniczny regulator obciążenia. Elektroniczny regulator obciążenia (ELC) był najczęściej używany w mikroelektrowni. Wynika to z mniejszego kosztu, nie jest robotyczny i skomplikowany jak inne i jest łatwy w obsłudze. Jeśli nie wystarczą proste płytki ELC, to potrzebny jest kompleksowy system z systemem sterowania, systemem pomiarowym, systemem synchronizacji i systemem zabezpieczeń (Ytek, 2009, p30).

4.3.2 System sterowania

Połączenie międzysystemowe może wymagać pewnych funkcji kontrolnych, na przykład, sterowanie turbiną lub łopatkami, łożyska w siłowni do nagłych zmian w sieci przesyłowej, generator wymaga monitorowania i kontroli, kontrola współczynnika mocy jest niezbędna do poprawy regulacji napięcia. Kontrola musi być koordynowana za pomocą komunikacji lokalnej i zdalnej.

Systemy takie jak turbina mogą być obsługiwane, automatycznie i ręcznie. Wybór będzie zależał od konkretnej sytuacji, wielkości schematu, lokalizacji, kosztów pracy i dostępności, podłączonych ładunków itp.

4.3.3 Synchronizacja

Synchronizacja to proces dopasowywania parametrów wyjściowych dwóch generatorów lub generatora do sieci. Trzy parametry, które mają być zrównane to poziom napięcia, częstotliwość i kąt fazowy. Aby MHP mogły dostarczać energię elektryczną do sieci minigridowej, powinny się one ze sobą synchronizować. Taka synchronizacja wymaga, aby jakość techniczna mikroelektrowni wodnych była wysoka, tzn. napięcie i częstotliwość powinny mieścić się w określonym zakresie (GTZ/SHPP, 2004/05; s. 9).

Synchronizacja oznacza minimalizację różnicy napięcia, częstotliwości i kąta fazowego pomiędzy odpowiednimi fazami wyjścia generatora i zasilania sieciowego (GTZ/SSPP: 2009, s. 5). Dlatego zanim elektrownia zostanie podłączona do sieci miniaturowej, napięcie i częstotliwość wyjściowa powinny być zsynchronizowane. Funkcja ta wyczuwa ustawione standardowe napięcie i częstotliwość i porównuje je z wyjściowym napięciem i częstotliwością instalacji, gdy standardowe napięcie i częstotliwość są zgodne. Wtedy moc będzie płynąć z MHP do sieci minigridowej.

4.3.4 Ochrona systemu zasilania

Ponieważ system jest bardziej robotyczny i skomplikowany, do przesyłu energii przy wysokim napięciu niezbędna jest bezpieczna praca systemu energetycznego. Powinien on również zapewniać bezpieczeństwo ludzi i sprzętu. Ponadto powinien on minimalizować nieuniknione usterki w systemie.

Niebezpieczna sytuacja w systemie energetycznym wynika głównie z dwóch powodów:

- Nad prądem i
- Nadnapięcie

Na przykład, asynchroniczne sprzęganie sieci powoduje powstawanie dużych prądów. Usterki uziemienia mogą powodować wysokie napięcia dotykowe, a tym samym zagrażać życiu ludzi i urządzeń. Ogólnym problemem jest to, że napięcie i/lub prąd są zawsze poza limitem.

Kolejną kwestią są naprężenia mechaniczne. Ilekroć moc jest przekształcana elektromechanicznie, należy wziąć pod uwagę nie tylko urządzenia elektryczne, ale również mechaniczne. Przykładem może być mechaniczny rezonans turbin z powodu zbyt niskiej częstotliwości (GTZ/SSPP, 2009b, pg11).

Tam dla urządzeń zabezpieczających, takich jak przekaźniki, wyłączniki są niezbędne dla sieci minigridowej. Ponieważ moc jest przesyłana w wysokim napięciu, uziemienie powinno być wykonane bardzo ostrożnie.

4.3.5 Dozowanie

System sterowania wodnego wymaga pomiarów elektrycznych w celu monitorowania pracy i identyfikacji problemów. Tradycyjne, analogowe mierniki panelowe zapewniają łatwy do odczytania wyświetlacz, ale mają ograniczoną funkcjonalność. Często potrzeba wielu oddzielnych liczników - co zwiększa koszty i zapotrzebowanie na miejsce w panelu.

Dlatego też panel synchronizacyjny ELC oparty na sterowniku PLC jest stosowany głównie do synchronizacji wszystkich siedmiu mikroelektrowni wodnych wraz z odcinkiem kontrolnym sekcji ochronnej, dozowaniem i wzbudzaniem na nim (GTZ/SSPP, 2009a, s. 7).Wszystkie płyty ELC są zastępowane przez ten oparty na sterowniku PLC panel synchronizacyjny ELC.

Panel synchronizacyjny ELC oparty na sterowniku PLC:

Systemy PLC są powszechnie dostępne na rynkach. Można je również modyfikować w celu sterowania i ochrony instalacji wodnych. W panelu tym wiele systemów dostępnych jest w formacie modułowym, z szeroką gamą analogowych i cyfrowych wejść i wyjść. Panel składa się głównie z sekcji synchronizującej, rozdzielczej, ochronnej ELC/Governing i PLC. W tym panelu sterowania znajdują się różne urządzenia pomiarowe, takie jak woltomierz, amperomierz, miernik częstotliwości, kWh, kWh licznik, miernik KVAR, PF. (Ytek, 2009, s. 12) Do ochrony układu pod/przekaźnik napięciowy, pod/przekaźnik częstotliwości, przekaźnik przeciążeniowy, przekaźnik ziemnozwarciowy, przekaźnik zwrotny mocy są zainstalowane w tym panelu(ibid.). Systemy PLC mogą być podłączone do systemów SCADA w celu rejestrowania danych oraz zdalnego dostępu i kontroli.

Wiele liczników cyfrowych może być podłączonych bezpośrednio do systemów PLC. Typowymi parametrami, które mogą być monitorowane przez cyfrowy miernik panelowy, znajdującymi się w sterowniku PLC są:

- Trzy fazowe wolty i prąd
- Moc, współczynnik mocy i moc skumulowana - często według poszczególnych faz
- Częstotliwość:
- Wartości szczytowe prądu i napięcia
- Informacje o zniekształceniach harmonicznych

Jednak programowanie oprogramowania PLC wymaga umiejętności i doświadczenia. Projektant oprogramowania musi zrozumieć mechaniczne, elektryczne i hydrauliczne właściwości urządzeń, które mają być sterowane. W związku z tym operatorzy MHP potrzebują szkolenia w zakresie obsługi tego panelu.

Rysunek 4.2 przedstawia urządzenie sterujące PLC dla MHP, które ma być podłączone do sieci minigridowej.

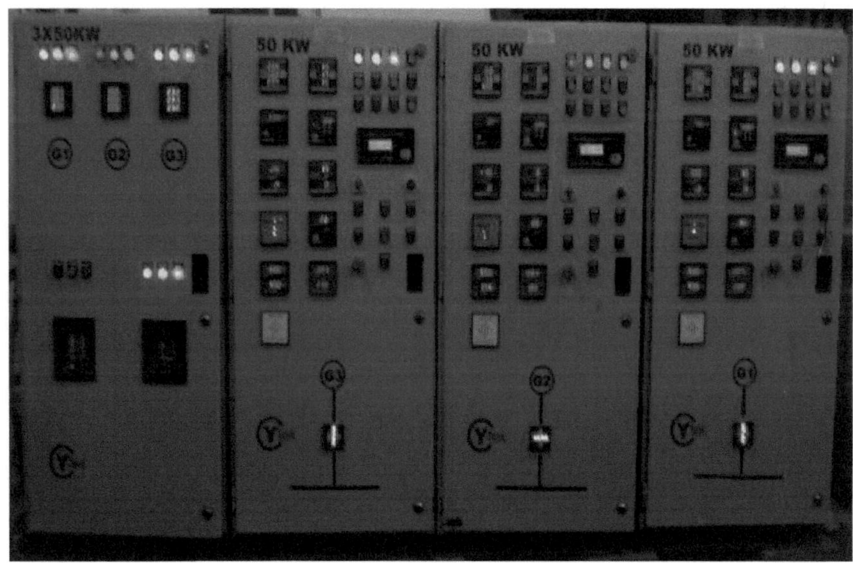

Rysunek 4. 2 Urządzenie sterujące PLC

Źródło: Ytek Control, 2009, s. 12.

W celu zmniejszenia strat przesyłowych, moc jest przesyłana w linii napięciowej 11 kV za pomocą łasianego przewodu ACSR z możliwością rozbudowy w przyszłości. Transformatory są niezbędnym elementem do zwiększania i zmniejszania napięcia w razie potrzeby. Zaleca się stosowanie siedmiu transformatorów 400V/11kV, każdy w 7 siłowniach.

Główne urządzenia i materiały potrzebne do budowy sieci minigrydowych to linia przesyłowa, transformatory i panel synchronizacyjny ELC oparty na PLC.

Wyposażenie i materiały potrzebne do połączenia są wymienione w tabeli 4.1.

Tabela 4. 1 Materiały i wyposażenie niezbędne do połączeń wzajemnych

S. Nie.	Materiały i wyposażenie	Ilość
1	11m Drążek typu składanego	156nos
2	50 KVA 0,4/11Kv Transformator	4nos
3	30 KVA 0,4/11KV Transformator	3nos
4	Przewód ACSR (łasica)	27,3 km
5	Piorunowy aresztant	14set
6	Earthling	27set
7	Bezpiecznik D.O.	7 zestaw
8	Izolator tarczowy z zestawem naprężającym	325nos
9	Izolator sworzniowy z wrzecionem	561nos
10	100*50*50*2200mm kanał	31nos
11	100*50*50*(900,300)mm kanał	85set
12	Zestaw stężeń kątowych (kanał 1800mm i 2360mm)	34set
13	Zestaw kanałów platformy transformatorowej	7 zestaw
14	Stay Set	200set
15	Zacisk i śruba z nakrętką w różnych rozmiarach	Kwota ryczałtowa
16	Panel synchronizacyjny ELC	7set

(Źródło: Komunikacja osobista, REDP i NHP)

4.4 Proponowana strategia działania systemu mini gridów

Sieć minigrydowa jest przeznaczona do przesyłania nadmiaru mocy z MHP do żądanego obszaru. Energia będzie przesyłana z sieci minigridowej do przedsiębiorstw bezpośrednio w celu uruchomienia dużych silników w okresie niskiego obciążenia.

Jak pokazano na rys. 4.3, jeśli zapotrzebowanie nie jest zaspokajane przez mikroelektrownie wodne, energia jest pobierana z minigrity, jeśli jest ona dostępna w minigricie w wymaganym czasie.

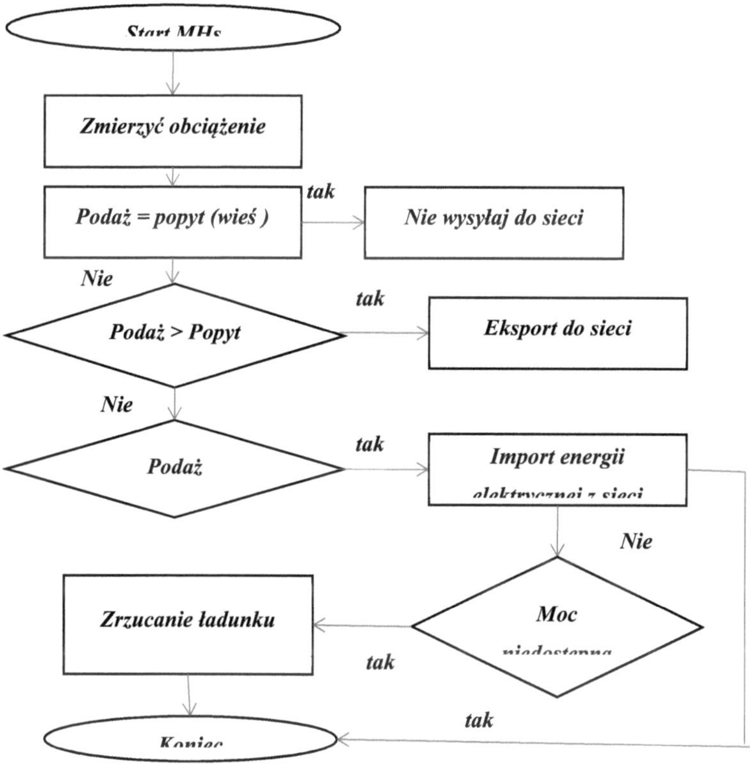

Rysunek 4. 3 Strategia działania systemu mini gridów

Źródło: autor

Podobnie, jeśli mikroelektrownia wodna ma nadwyżkę energii (większą niż jej zapotrzebowanie w wiosce), to energia jest przesyłana do sieci minigridowej, jeśli istnieje zapotrzebowanie na energię elektryczną na innych obszarach. Jeśli produkcja MHP jest równa ich wiejskim zapotrzebowaniom, to moc nie jest przesyłana w sieci minigridowej. Schemat blokowy na rys. 4.3 przedstawia strategię pracy sieci minigrydowej

W związku z tym niezaspokojone obciążenie może być zakłócone w pewnym stopniu przez dostępność mocy w minigracie, jeśli pokrywa się ona z mocą dostępną w sieci. Taka operacja wymaga specjalnego dostosowania. Podobnie w okresie wyłączenia pobierana jest wymagana moc z sieci minigrydowej bezpośrednio dla działających przedsiębiorstw. Duże rozmiary silnika mogą być zasilane z sieci elektrycznej.

4.5 Ogólny schemat jednoliniowy

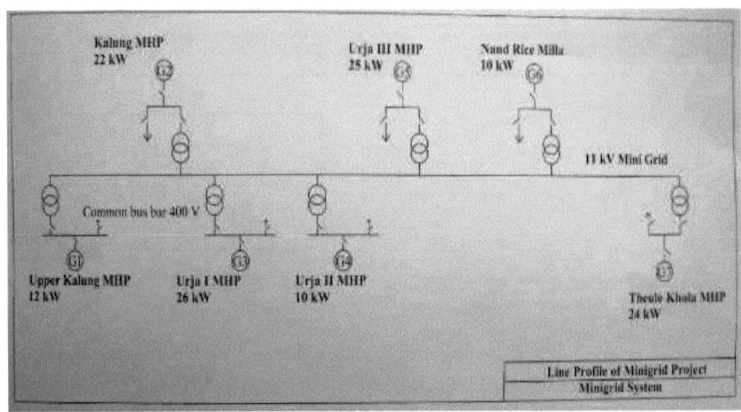

Rysunek 4. 4 Wykres jednoliniowy z głównymi centrami obciążeń

(Źródło: autor)

Na rysunku 4.5. pokazano wszystkie elektrownie, które zostaną podłączone w sieciach minigrillowych 11kV z transformatorem stopniowym 400V/11kV. Inną linią jest istniejąca linia rozdzielcza 400 V, która bezpośrednio trafia do obecnych centrów obciążeniowych objętych odpowiednimi MHP. Dla dużej elektrowni Theula khola, Urja khola II, Urja khola III i Kalung zastosowano transformator MHP 50 KVA, gdzie podobnie jak w pozostałych dwóch elektrowniach o małej mocy 30 KVA ma być zainstalowany transformator.

4.6 Proponowany model zarządzania

Początkowo należy powołać komitet zarządzający Mini Grid z przedstawicielem co najmniej dwóch członków z każdej społeczności (MHP). To sprawi, że zaangażują się w to członkowie wszystkich MHP.

Wspaniała współpraca, pozytywne nastawienie i koncepcja Win-Win, uczenie się i rozwijanie nawyków oraz dobre przywództwo są niezbędnymi cechami dobrego zarządzania.*[21] *Jest to ważne w całym cyklu życia projektu od momentu jego opracowania do realizacji. Zaangażowanie ze strony kierownictwa może dać owocny rezultat tylko dla koncepcji i projektu. Dobre zarządzanie samą siecią elektroenergetyczną z MHP jest ważne dla zrównoważonego rozwoju całych zakładów energetycznych.

Dlatego zarządzanie eksploatacją Mini Grid zapewni dobre funkcjonowanie Mini Grid. Ponieważ komitet ten został upoważniony do pracy od początkowej fazy projektu do jego realizacji.

Siedem istniejących MHP było niezależnych, a po połączeniu fizycznym połączenie tych MHP wymaga współpracy na poziomie organizacyjnym od początku projektu do jego realizacji. Ustanowienie i aktywne uczestnictwo grupy roboczej Minigrid jest niezbędne w każdej fazie.

Utworzenie Komitetu Zarządzającego Mini Grid

Dla prawidłowej eksploatacji, zarządzania i wykorzystania połączenia Mini Grid i Micro Hydro z systemem mini grid należy na początku utworzyć Komitet Zarządzający Mini Grid.

Utworzono po 3 przedstawicieli z 4 większych MHFG (łącznie 12) oraz po 2 przedstawicieli z 2 średnich MHFG (łącznie 5). W sumie w skład rady sterującej wchodzi 17 członków. (Bolli.M, 2010, s. 1)

Tworzenie członków Komitetu

- Został utworzony komitet zarządzający. Składa się z co najmniej jednego przedstawiciela z każdej mikroelektrowni, która ma być podłączona do sieci mini grid.

---

[21] http://daphne.palomar.edu/eschultze/SmallBiz/7Habits-4.htm 25/07/2010

- Każdy mikrowodór ma liczbę przedstawicieli proporcjonalną do jego mocy. W sieciach minigrydowych i w każdym poszczególnym mikrowodorze jest co najmniej 1 członek komitetu.

- Reprezentatywni członkowie komitetu zarządzającego są wybierani przez walne zgromadzenie. Na przewodniczącego komitetu zarządzającego zostanie wybrana jedna osoba z wybranych członków walnego zgromadzenia.

- Wszystkie prace budowlane związane z budową sieci minigrydowej wykonywane są pod nadzorem i bezpośrednim zaangażowaniem komitetu ds. sieci minigrydowych. Ta grupa funkcjonalna jest odpowiedzialna za umowę na linie przesyłowe i panel synchronizacyjny, transformatory itp.

Komitet ten jest w pełni odpowiedzialny za rozwiązywanie sporów powstających w trakcie realizacji projektów i po ich zakończeniu.

Nawet w jednym zakładzie MHP istnieje wiele sporów dotyczących kwestii technicznych, kierowniczych, finansowych i społecznych. Kiedy istnieje mieszanka różnych społeczności do obsługi Mini Grid będzie większe szanse na spory. Podczas współdzielenia wartości, usług lub towarów pomiędzy siedmioma MHP, może dojść do konfliktu i po integracji lub ukończeniu tworzenia mini-sieci, każdy z właścicieli zakładu może próbować odłączyć się lub zostać odizolowany od systemu sieci, jeśli poczuje się zagubiony.

Podobnie spory mogą mieć miejsce w porze suchej i w godzinach szczytu, w których będzie mniej energii do zasilania odbiorników. Spór może być również spowodowany przez zawalenie się systemu. Spór może dotyczyć kwestii rozliczeń. Jeśli takie rzeczy będą miały miejsce w przyszłości, spór musi być rozwiązany w odpowiedni sposób. Spory mogą dotyczyć wszelkich kwestii technicznych, zarządczych, finansowych lub społecznych i muszą być rozstrzygane w sposób skoordynowany. . Należy ustanowić pewne zasady i przepisy dotyczące tego sporu.

Dlatego też zarządzanie systemem po wdrożeniu jest dużym i trudnym zadaniem. Ponieważ po wdrożeniu projektu, system staje się dużym przedsięwzięciem, a obowiązki, odpowiedzialność i uprawnienia komitetu zarządzającego zależą od sposobu zarządzania, ponieważ cały system dzieli się na trzy kategorie użytkowe

- Produkcja energii elektrycznej
- Przesyłanie do sieci elektroenergetycznej
- Dystrybucja na rzecz społeczności

Jak pokazano na rysunku 4.6a. Elektrownie zostały uznane za przedsiębiorstwa użyteczności publicznej zajmujące się wytwarzaniem energii elektrycznej, wszystkie siedem mikroelektrowni wodnych znajduje się pod nadzorem przedsiębiorstw użyteczności publicznej zajmujących się wytwarzaniem energii elektrycznej, sieć mini-sieć elektroenergetyczna to przedsiębiorstwa przesyłowe z linią przesyłową 11kV, a dostawy energii elektrycznej do społeczności lokalnej z linią 400V są włączone do przedsiębiorstw użyteczności publicznej zajmujących się dystrybucją.

A obowiązki, odpowiedzialność i autorytet tych przedsiębiorstw użyteczności publicznej są różne w różnych sposobach zarządzania.

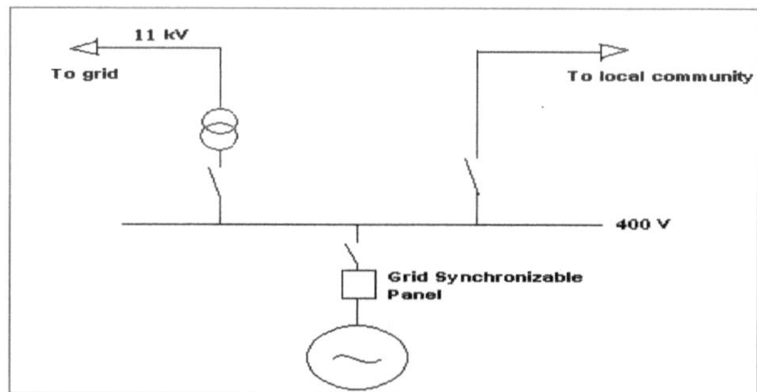

Rysunek 4. 5 Wykres jednokreskowy

Źródło: (GTZ/SSPP, 2010, ppt3)

Opcja A:

Zarządzanie całymi systemami przez jeden komitet (model scentralizowany)

Jeden podmiot jest odpowiedzialny za cały system i wszystkie trzy media. W tym przypadku obowiązki i odpowiedzialność społeczności minigrydowych będą wysokie. Cały komitet hydroelektrowni Micro upadnie. Ten jeden podmiot będzie odpowiadał za wytwarzanie, przesyłanie i dystrybucję energii elektrycznej. Plan generowania, zarządzanie obciążeniem, wysyłka obciążenia, harmonogram napraw i konserwacji - wszystko to będzie obsługiwane przez tę samą organizację. Odczyt miernika, coroczny pobór dywidendy z zysku będzie zarządzany również przez nich.

Dzięki temu rodzajowi zarządzania zapewniona zostanie jednolita jakość taryf oraz jednolita jakość energii elektrycznej dla wszystkich beneficjentów". Podział na wszystkie MEW odbywa się głównie na podstawie wartości bieżącej inwestycji kapitałowej dokonanej w każdym z projektów, zainstalowanej mocy kW i GKW obsługiwanych przez każdy z MEW.

Obowiązki, zakres odpowiedzialności i uprawnienia tego komitetu zarządzającego

- Komitet Zarządzający jest odpowiedzialny za właściwe zarządzanie, eksploatację i utrzymanie miniaturowej sieci energetycznej i związanych z nią mikroelektrowni.
- Komitet zarządzający będzie odpowiedzialny za dystrybucję energii do każdego gospodarstwa domowego i do przedsiębiorstw.
- Pobieranie dochodów od konsumentów będzie zarządzane centralnie przez ten sam komitet.
- Wszystkie wydatki administracyjne będą dokonywane na podstawie decyzji podjętej przez komitet.
- Rekrutacja personelu będzie prowadzona przez komisję.
- Decyzje o rozbudowie sieci, przyłączu New Micro Hydro & Consumer Connection, inwestycjach w konserwację i wszelkich innych rozbudowach w przyszłości będą podejmowane przez Komitet Zarządzający.
- Komitet zarządzający będzie miał uprawnienia do podejmowania decyzji o inwestycjach w każdym innym sektorze.
- Fundusz Operacyjny Mini Grid zostanie utworzony w celu zdeponowania przez wspólnotę kwoty wymienionej poniżej

  a. Dochody pobierane od konsumentów.

  b. Dochody z wszelkich poczynionych inwestycji.

- Komitet zarządzający będzie miał prawo do odcinania linii, jeśli konsumenci nie będą przestrzegać zasad i przepisów określonych przez komitet.
- Komitet zarządzający będzie miał uprawnienia do gromadzenia i ustalania stawki taryfowej dla konsumentów

Zaletą tego typu scentralizowanego systemu zarządzania jest:

- Wszystko jest zarządzane przez jeden komitet zarządzający, dlatego koszt jednostkowy operacji będzie mniejszy. O&M może być łatwo wykonane bez zakłócania usług

• Jednostka będzie w stanie zatrudnić odpowiednie i odpowiednie zasoby ludzkie do działań technicznych i zarządczych oraz optymalnie je wykorzystać

• Będzie on również w stanie zapewnić personelowi niezbędne udogodnienia w celu utrzymania go w instytucji, co zaowocuje zaangażowanymi zasobami ludzkimi.

• Wydajne i łatwe do koordynacji pomiędzy wszystkimi zakładami energetycznymi, ponieważ jedno przedsiębiorstwo energetyczne przejęło odpowiedzialność za całość wytwarzania, przesyłu i dystrybucji. Doprowadzi to do skutecznej obsługi klienta i możliwości szybkiego podejmowania decyzji w razie potrzeby.

• Będzie to duża organizacja i negocjacje do przyłączenia do sieci krajowej mogą być pomocne

Wadą tego typu zarządzania scentralizowanego jest:

Może pojawić się problem własności, a poczucie przynależności może być niskie, z powodu czego ludzie mogą stracić zainteresowanie projektem i będą niezadowoleni.

• Bezpośrednie możliwości zatrudnienia mogą być niewielkie. Uwaga na mały problem może być wolniejsza w systemie scentralizowanym.

Wariant B

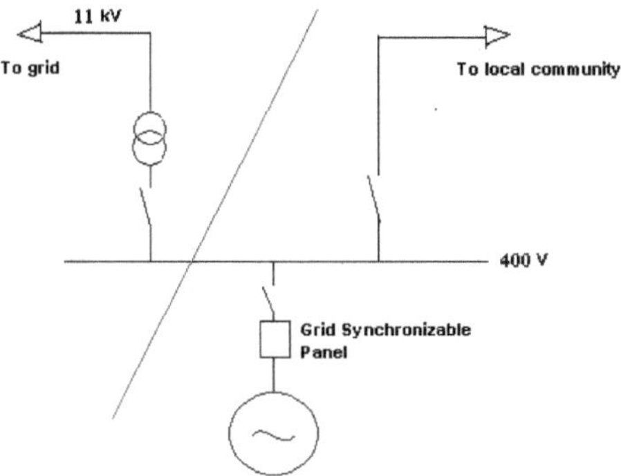

Rysunek 4. 6 Dwa oddzielne komitety zarządzające (istniejący typ)

Źródło: (GTZ/SSPP, 2010, s. 5)

Zarządzanie siecią Minigrid przez inny komitet (istniejący model)

Jak pokazano na rysunku 4.6 cały system jest obsługiwany przez 2 różne podmioty. W tego typu systemie zarządzania, komitet zarządzający MHFG będzie odpowiedzialny za wytwarzanie i dystrybucję energii elektrycznej .Taryfa jest ustalana przez ich własny komitet mikrowodny. Minisieć energetyczna otrzymuje tylko nadmiar energii po dostarczeniu jej do lokalnej społeczności. Eksploatacja i konserwacja uszkodzeń mikrowodnych jest wykonywana przez ten komitet. Tylko linia przesyłowa SN jest zarządzana przez komitet zarządzający minigridą. Ten rodzaj modalności będzie wymagał przynajmniej 8 organizacji - 7 właścicieli MHP i jednego operatora Mini-siatki. Operator mini-sieci będzie musiał współpracować z właścicielami 7 MHP.

Zalety tego typu modalności

- Wspólnota ma więcej do powiedzenia na temat codziennego funkcjonowania systemu, ponieważ poczucie przynależności do niego jest większe w przypadku tego rodzaju modalności. Lokalne problemy mogą być łatwo rozwiązane, a problemy szybko rozwiązane.
- Awaria sieci może mieć mniejszy wpływ na społeczności.
- O przyłączeniu/przyłączeniu do sieci decydują władze lokalne
- Przejrzystość rachunków będzie większa
- Jakość napraw i konserwacji poszczególnych MHP będzie różna, co może mieć wpływ na niezawodność systemu.
- Taryfa będzie niejednolita, ponieważ taryfa jest ustalana przez grupy funkcjonalne MHs.
- Rentowność finansowa Mini-grid jest niska, ponieważ przychody są pobierane przez grupy funkcjonalne MH.

Wariant C

Elektrownia jest eksploatowana przez inną jednostkę (model IPP)

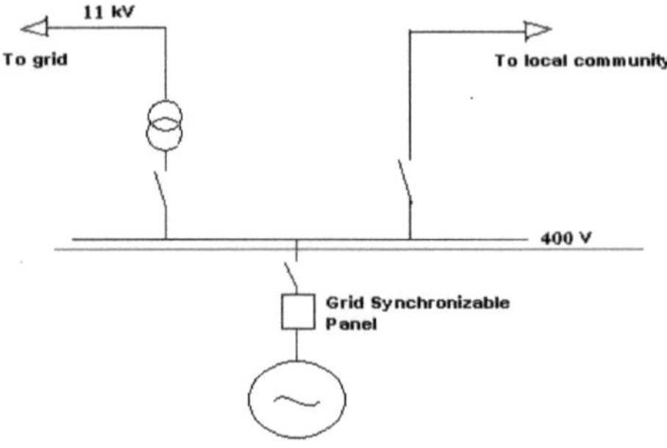

Rysunek 4. 7 Generacja i T/D zarządzane przez dwóch oddzielnych członków społeczności

Źródło (GTZ/SSPP, 2010, ppt7)

Jak pokazano na rys. 4.6c, obowiązkiem zakładów energetycznych jest wytwarzanie energii elektrycznej i przesyłanie jej do dźwigara i do społeczności lokalnej jako wymóg. Zarządzanie ładunkami i ich wysyłka są kontrolowane przez operatorów Mini-grid. Cała transmisja i dystrybucja do lokalnej społeczności jest zarządzana przez komitet Minigrid. MHP będzie działać jako IPP i jest modelem standardowym.

Wspólnota zachowuje własność każdego MHP, ale zarówno Mini-siła, jak i dystrybucja są własnością innej organizacji. Każdy MHP jest odpowiedzialny za eksploatację i konserwację, jak również modernizację poszczególnych instalacji, ale harmonogram konserwacji będzie kontrolowany przez operatora Mini-grid. Wejście i wyjście poszczególnych MHP z sieci minigridowych jest łatwe. Elastyczność w tym przypadku jest wysoka.

Zalety tego typu modalności:

- Jakość energii elektrycznej jest wysoka dzięki wysokiej niezawodności systemu, ponieważ MHP działa jako niezależna jednostka wytwórcza.
- Istnieje jednolity system taryfowy.
- Silna pozycja własnościowa na poszczególnych zakładach oraz na mini-sieci.
- O&M bez zakłócania usług

Wady modelu IPP

- Cena energii elektrycznej może być wysoka

Obowiązki MHFG:

Każdy MHFG jest odpowiedzialny za O&M swojego MHP, jak również za wymianę wadliwego sprzętu w ramach MHP. Operator jest odpowiedzialny za administrowanie dziennikiem (w tym dziennikiem przestojów).

Granica systemu MHP obejmuje (i kończy) urządzenia do synchronizacji (na niskim poziomie napięcia), ale nie obejmuje dystrybucji lokalnej i transformatora mocy. MHFG otrzymują stały udział w całkowitych miesięcznych przychodach. Udział ten jest obliczany na podstawie mocy i dostępności odpowiedniej MHP.

Spośród tych wszystkich trzech modalności, model IPP jest zamierzony. Model ten jest modelem standardowym, ponieważ elektrownie wytwórcze są zarządzane przez właściciela, a przesyłanie i dystrybucja odbywa się za pośrednictwem komitetu ds. sieci minigrydowych. W tym przypadku nowy MHP może być łatwo dodany i może istnieć również łatwo, jeśli istnieje spór. Spór w jednym MHP ma mniejszy wpływ na cały system.

4.7 Analiza finansowa

Analiza finansowa projektu jest jednym z kluczowych narzędzi decyzyjnych służących do określenia, czy projekt ma być realizowany, czy też nie (AEPC/ESAP: 2008, s. 47). Analiza finansowa jest przeprowadzana w celu sprawdzenia, czy projekt minisieciowy jest wykonalny ekonomicznie, czy też nie. Wzajemne połączenie samodzielnych elektrowni MH w celu poprawy niezawodności elektrowni jest nową praktyką w Nepalu i projekt powinien być wykonalny technicznie i finansowo, w przeciwnym razie projekt będzie niezrównoważony i trudny do powielenia w innych miejscach w krajach. W związku z tym, aby ocenić solidność finansową lub wykonalność technologii mini-sieciowych, wzięto pod uwagę ocenę ekonomiczną projektów o różnych wskaźnikach, takich jak wewnętrzna stopa zwrotu (IRR), wartość bieżąca netto (NPV), wskaźnik stosunku kosztów do korzyści (B/C) oraz okres zwrotu.

Inwestycje, które są wymagane dla połączenia międzysystemowego, szacuje się jak w Nepalskiej Rupii (NR). Szczegółowe informacje na temat urządzeń i ich kosztów rynkowych znajdują się w załączniku.

4.7.1 Podstawowe założenia

Do analizy finansowej połączenia minigridowego przyjęto następujące założenia:

a) Nie ma jasnej polityki dotyczącej połączeń międzysystemowych mikroelektrowni wodnych w Nepalu w odniesieniu do opłat licencyjnych, płatności podatku energetycznego. W związku z tym zakłada się, że jest ona podobna do praktykowanej przez NEA elektryfikacji opartej na społeczności lokalnej.

b) Stopa dyskontowa projektu ma wynosić 10 %.

c) Okres żywotności zarówno linii wodnej Micro, jak i linii przesyłowej, transformatorów, płyty PLC jest rozpatrywany do 15 lat.

d) Stopa inflacji nie jest uwzględniana w obliczeniach.

e) Amortyzacja jest rozważana przez 10 lat.

f) Cena sprzedaży energii elektrycznej w sektorze gospodarstw domowych jest ustalana na tych samych podstawach, co elektryfikacja wspólnotowa przeprowadzana przez NEA. Jest to tylko jeden z możliwych sposobów obliczania przychodów w obszarze objętym badaniem, ponieważ obszar ten nie posiada żadnych głównych gałęzi przemysłu i ładunków handlowych.

4.7.2 Koszt inwestycji

Proponowany system składa się z inwestycji na linii przesyłowej, transformatora step-up i step down, tablicy PLC dla systemu licznikowego, systemu synchronizacji i sterowania oraz w instalację wszystkich urządzeń.

a) Minigrid Cost:

Główne źródło danych do obliczania inwestycji związanych z rozwojem minigridy pochodzi z wewnętrznego źródła Rural Energy Development. Szczegółowy podział kosztów związanych z tworzeniem sieci minigridowej przedstawiono w załączniku 10.

Tabela 4. 2 Szacunek kosztów dla sieci minigrydowej

S.Nie	Materiały i wyposażenie	Koszt całkowity NRs	Procent	Uwaga
1	Linia przesyłowa	4838789.6	32%	
2	Transformatory i kable zasilające	1974901	13%	
3	Panel synchronizacyjny ELC oparty na sterowniku PLC	6361868.12	42%	
4	Instalacja	250200	2%	
5	Części zamienne	271280.32	2%	
6	Komunikacja	45500	0%	
7	Wydatki administracyjne	1256596.96	8.378%	
	Inwestycja ogółem	14,999,136		

(Źródło: Komunikacja osobista z REDP, NHP)

W związku z tym całkowite zapotrzebowanie na koszty kapitałowe dla projektu wynosi NRs.14, 999,136. Ta kwota całkowitej inwestycji jest brana pod uwagę przy obliczaniu finansowym.

Oparty na sterownikach PLC panel synchronizacyjny ELC jest głównym urządzeniem służącym do synchronizacji generatora z siecią miniaturową oraz do ochrony systemu elektroenergetycznego, pomiarów, a także do sterowania systemem. Jest to zasadnicza część całego systemu i obejmuje 42% całości inwestycji. Co więcej, sprzęt ten nie jest produkowany w kraju i musi być importowany z innych krajów. To również zwiększyło koszt panelu.

4.7.3 Dochody

Jedynym źródłem przychodu dla proponowanego projektu minigrydowego jest sprzedaż nadwyżek energii elektrycznej wytwarzanej z mikroelektrowni wodnych oraz z zakładania średnich przedsiębiorstw głównie w porze dziennej, kiedy obciążenie jest naprawdę niskie, jak wspomniano o strategii działania minigrydów. Cena sprzedaży energii elektrycznej zależy od rodzaju odbiorców.

Zestawy taryfowe dla gospodarstw domowych:

W małych elektrowniach, takich jak mikroelektrownie wodne, dokonano prostego i łatwego ustawienia taryfy. Odbywa się to zgodnie z maksymalną mocą wykorzystywaną przez odbiorcę, ponieważ maksymalna moc dostępna dla odbiorcy jest z góry określona. Ten rodzaj ustalania taryf jest prosty, ma jednak wiele wad, takich jak nieekonomiczne zużycie energii elektrycznej, niska niezawodność systemu

Jednak wszystkie siedem samodzielnych MEW posiada taryfę opartą na mocy. Obecna taryfa dla energii elektrycznej na gospodarstwo domowe opiera się na maksymalnym zapotrzebowaniu na moc i waha się od 50 do 60 NRS miesięcznie (100W, 0,5A MCB) z jednej elektrowni do innych. Energia elektryczna jest wykorzystywana głównie do oświetlenia. W ciągu dnia zużycie energii elektrycznej jest zbyt niskie, ponieważ energia elektryczna wykorzystywana jest tylko do oświetlenia. Działanie niektórych MHP zostaje zatem wstrzymane. Każdy MHFG pobiera opłatę za dostawę energii elektrycznej bezpośrednio od gospodarstw domowych i zarządza nią indywidualnie MHP. Miesięczne dochody siedmiu MHP przedstawiono w załączniku 7.

Wszystkie mikroelektrownie wodne prowadzą małe przedsiębiorstwa, takie jak młyny, hodowla drobiu itp., które przedstawiono w załączniku 8. Większość przedsiębiorstw, takich jak młynek o mocy 10 HP, płaci NRs 1500 miesięcznie za pracę przez 3 godziny dziennie. Elektrownia działa w ciągu dnia tylko w celu prowadzenia tych małych przedsiębiorstw.

W celu uruchomienia mini-sieci i uzyskania przychodu w planowanym okresie czasu, należy ostrożnie ustalać taryfy. System taryfowy powinien zostać zmieniony z taryfy opartej na energii elektrycznej na system oparty na energii elektrycznej. Konsumenci mogą sami decydować o zwiększeniu lub zmniejszeniu swojej konsumpcji.

Dlatego też taryfa powinna być ustalona w taki sposób, aby mogła uzyskać przychód w danym okresie czasu, a konsumenci mogli płacić ustalone taryfy. Jeśli nie będzie to dobrze zarządzane, konsument nie będzie miał motywacji do korzystania z energii elektrycznej. W rezultacie, zamiast generować zysk, projekt będzie przynosił straty. Dlatego też przy ustalaniu taryfy celnej należy wziąć pod uwagę wiele rzeczy.

W każdym gospodarstwie domowym zostanie zainstalowany licznik, a rozliczenie będzie oparte na efektywnym zużyciu energii. Liczniki te muszą być zakupione przez gospodarstwo domowe. Nie warto pobierać wyższych opłat za jedno gospodarstwo domowe niż obowiązująca taryfa. Dlatego, zakładając, że oświetlenie jest używane przez 5 godzin dziennie (2 godziny rano i 3 godziny wieczorem), zużycie na gospodarstwo domowe i miesiąc wynosi 15 kWh[22]. Taryfa za kWh musi wynosić około 3 do 4 NRs za kWh. Jest to prawie tyle samo, ile zużyto do zapłacenia za 100W mocy z samodzielnych MHP. Z drugiej strony, taryfą dla wspólnotowej elektryfikacji obszarów wiejskich poprzez sieć krajową jest taryfa NRs.4 przedstawiona w taryfie NEA w załączniku9 . Taryfa nie powinna być większa niż NRs.4. W obliczeniach wzięto pod uwagę wstępną taryfę 3,5 na jednostkę.

Podobnie, licznik zostanie zainstalowany dla małych przedsiębiorstw. Zużycie na małe przedsiębiorstwa, takie jak młyn, wynosi 750 KWh miesięcznie, a taryfa za kWh wynosi około 3,5 NRs. Jest ona prawie równa kwocie, którą przedsiębiorstwo zapłaciło.

Aby zachęcić miejscową ludność do korzystania z energii elektrycznej w okresie wyłączenia z obciążenia oraz aby ustanowić średnie przedsiębiorstwa, ustalono regresywną (duży odbiorca płaci małą jednostkę) taryfę dla NRs 3,5/ kWh, która została uwzględniona w obliczeniach finansowych.

W ten sposób, jeżeli istnieją dochody z połączeń międzysystemowych, to zostaną one zwiększone przez NR-y. 1, 307,166 na rok. Całkowite obliczenia przedstawiono w załączniku 6.

4.7.4 Opłaty licencyjne za energię i przepustowość oraz podatek dochodowy

[23]W przypadku projektów dotyczących energii wodnej o mocy do 3 MW na potrzeby zużycia wewnętrznego nie będą pobierane żadne opłaty z tytułu opłat energetycznych i opłat za moce wytwórcze ani podatek dochodowy. W związku z tym w niniejszej analizie finansowej nie uwzględnia się opłat za energię i zdolności przesyłowe.

4.7.5 Koszty eksploatacji i utrzymania

W oparciu o normalną praktykę, koszty eksploatacji, utrzymania i zarządzania zostały przyjęte jako 2% całkowitej inwestycji początkowej. Koszty eksploatacji i utrzymania wynoszą w tym programie około 3 000 000 NRs. W kolejnych podrozdziałach dokonano jednak oddzielnej analizy, aby dostrzec

---

[22] *100W x 5h x 30 dni*

[23] http://www.fncci.org/text/royalty_fee.pdf *2010 07.31*

wpływ wyższego kosztu eksploatacji i zarządzania na jednostkowy koszt przesyłu energii w sieci minigridowej.

4.7.6 Wynagrodzenie dla Operatora i Kierownika

Za całkowite wynagrodzenie operatora uznaje się 10 000 NRs, a kierownika NRs 5 000. W każdej elektrowni mają być zatrudnieni dwaj operatorzy i jeden kierownik. Ponieważ komplikacja pracy wzrosła, poprzedni operator pracował w zakładach wolnostojących. W związku z tym całkowita pensja wszystkich pracowników wynosi 185 000,00 NRs rocznie. Uznaje się, że roczny przyrost ich wynagrodzenia wynosi 3%.

4.7.7 Wynik analizy finansowej

Wynik analizy finansowej pokazuje, że przy obecnych warunkach status quo projekt minigridowy nie jest finansowo wykonalny. Wartość bieżąca netto projektu jest ujemna (5 012 981,01), co oznacza, że projekt nie jest w stanie dokonać zdyskontowanych wpływów pieniężnych w okresie jego trwania. Obliczenia przedstawiono w załączniku 10.

4.7.8 Opracowanie scenariuszy

Opracowano różne możliwe scenariusze, aby znaleźć wpływ wspomnianych warunków na różne scenariusze na finansową trwałość projektu. Istnieje wiele zmiennych, które można uwzględnić w analizie finansowej, a które obejmują głównie koszty inwestycji, stopę dyskontową, taryfę energii elektrycznej, kwotę dotacji itp.

Scenariusz 1: Zmiana stopy dyskontowej i kosztu inwestycji

Skutki zmiany stopy dyskontowej oraz procentowy spadek inwestycji w wartość bieżącą netto (NPV) projektu przy obecnym poziomie taryfy energii elektrycznej zostały przedstawione odpowiednio w postaci liczbowej.

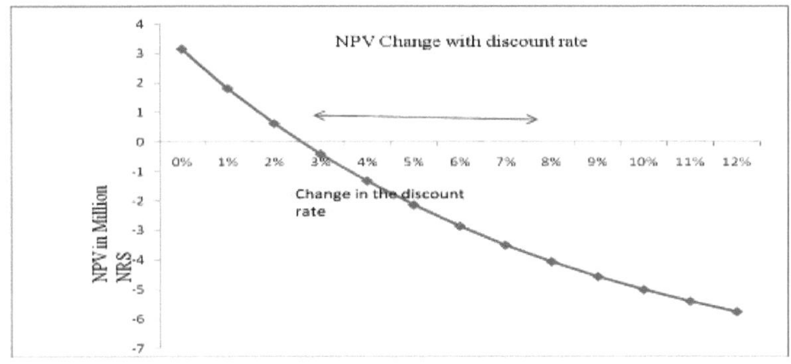

Rysunek 4. 8 NPV Vs zmiana stopy dyskontowej

Źródło: autor

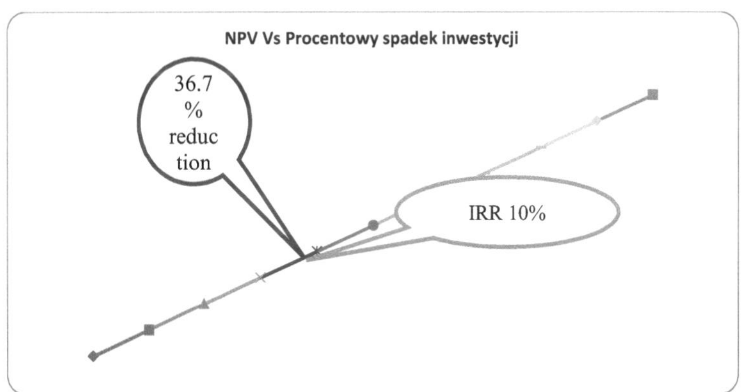

Rysunek 4. 9 NPV Vs procentowy spadek inwestycji

Źródło: autor

Na rys. 4.8 pokazano, że WBN jest ujemna, nawet jeśli stopa dyskontowa zostanie obniżona z 12 % do 4 %. Dlatego też wpływ stóp dyskontowych nie ma większego znaczenia w analizie finansowej. Podobnie, rys. 4.9 pokazuje, że wartość bieżąca netto wydaje się dodatnia tylko wtedy, gdy inwestycja może zostać zmniejszona o 37 % całości, co jest zupełnie niemożliwe. Dlatego też scenariusz 1 przy obecnym poziomie struktur taryfowych nie przyczyni się do zapewnienia trwałości finansowej projektu.

Scenariusz 2: Zmiana ceny sprzedaży wytwarzanej energii elektrycznejd

Jednym z ważnych czynników, które mogą mieć istotny wpływ na finansową trwałość projektu, jest cena sprzedawanej energii.

Istnieje wiele struktur cenowych związanych z tym projektem w zależności od technologii i odbiorcy energii elektrycznej, analiza finansowa w ramach tego scenariusza, która jest wykonywana w następujących warunkach

Dostawa energii elektrycznej do lokalnego odbiorcy po cenie 3,5 NR/kWh (dla porównania: 7,3 NR/kWh naliczane przez NEA za ponad 21kWh, jak pokazano w załączniku 9). Istnieje zatem możliwość podniesienia lokalnej ceny energii elektrycznej z 3,5 do 7,3 NR/kWh w warunkach normalnej stawki.

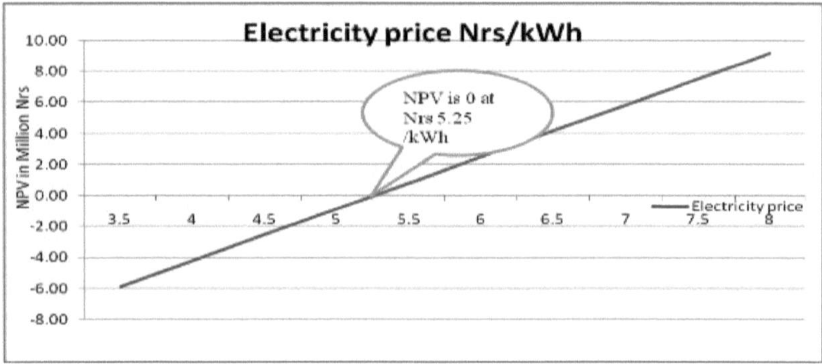

Rysunek 4. 10 NPV projektu Vs Cena energii elektrycznej

Źródło: Autor

W oparciu o wyżej wymienione scenariusze projekt minigridy wydaje się finansowo wykonalny jedynie w przypadku podwyższenia ceny sprzedaży energii elektrycznej. Stwierdzono, że cena energii elektrycznej na progu rentowności jest niższa niż zwykła struktura taryfy energetycznej krajowej sieci Nepalu, tj. wynosi 5,25 NRs za kWh. Na podstawie powyższej analizy cen energii elektrycznej można zauważyć, że aby projekt był finansowo opłacalny, należy ustalić co najmniej 5,25 NR/kWh.

Scenariusz 3: Wpływ działania i zarządzania na koszt całkowity

Na rysunku 4.11. pokazano, że całkowity koszt energii przesyłanej w sieci minigridowej rośnie wraz ze wzrostem kosztów eksploatacji i zarządzania. Wzrost kosztów eksploatacji i zarządzania o 3 % (z 1 do 4 %) powoduje wzrost kosztów całkowitych o 17,2 %. W związku z tym wpływ kosztów eksploatacji i zarządzania na cenę energii elektrycznej jest znaczny. Nie można więc pominąć kosztów eksploatacji i konserwacji.

Koszty eksploatacji i utrzymania systemu zmieniają się w zależności od przyjętej metody zarządzania. Budowanie potencjału i szkolenie miejscowej ludności w zakresie obsługi i utrzymania programu zmniejszy koszty eksploatacji i utrzymania.

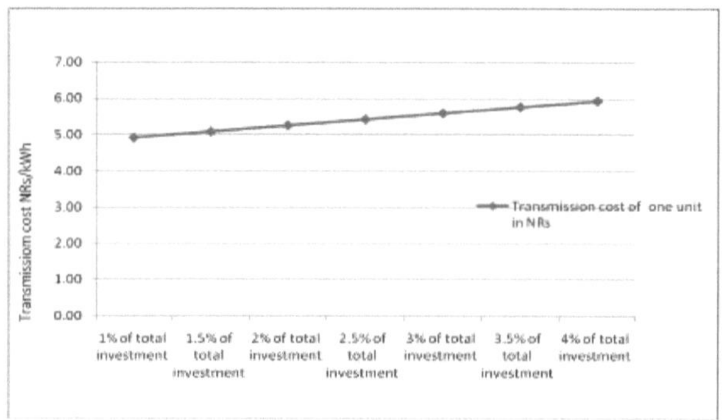

Rysunek 4. 11 Koszty eksploatacji i zarządzania Vs cena energii elektrycznej

Źródło: autor

Scenariusz 4: Zapewnienie dotacji na rozwój sieci minigralnej

The scenario 3 is developed for the project to see the condition if the Government of Nepal provides subsidy for the development of minigrid.

a) 80 % całkowitej kwoty dotacji na koszty instalacji

W rozszerzeniu sieci krajowej na obszary wiejskie 80 % całkowitych kosztów instalacji jest finansowane w formie dotacji przez rząd Nepalu, a pozostałe 20 % jest finansowane przez ludność lokalną (Yadap.R, 2008, s. 10).

Jeżeli ta sama polityka w zakresie dotacji została powielona w odniesieniu do raty sieci minigridowej Wówczas całkowity koszt początkowy projektu zmniejszy się do około 2, 999 827,20 NR. W tym scenariuszu, w przypadku sprzedaży energii elektrycznej po obecnej cenie, tj. 3,50 NR/kWh, projekt będzie miał dodatnią wartość NPV w wysokości 5 896 109,90 przy IRR na poziomie 49 %. Współczynnik B/C projektu wynosi również 1,9. Okres spłaty projektu wynosi 3,87 roku. Szczegółowe obliczenia przedstawiono w załączniku 12.

b) 50 % całkowitych dotacji na koszty kapitałowe

Jeżeli 50 % kosztów kapitałowych stanowią dotacje rządowe, wówczas całkowity koszt projektu zostanie zmniejszony do 7 499 568,00. W tym przypadku, jeśli energia elektryczna będzie sprzedawana na obecnym poziomie cenowym, który wynosi 3,50 NRs / kW, projekt będzie miał NPV w wysokości 1 303 230 przy IRR 17%. Współczynnik B/C dla projektu wynosi 1,3 . Okres spłaty projektu wynosi 7,39 lat . 50% subsydiowanych kosztów kapitału czyni system wykonalnym finansowo . Szczegółowe obliczenia przedstawiono w załączniku 13.

Z finansowego punktu widzenia, jest mało prawdopodobne, aby połączyła ona mikroelektrownię wodną, ponieważ koszt kapitału jest znacznie wyższy niż cena płacona przez społeczność wiejską. Zapewnienie dotacji na instalację projektu min-sieci lub podwyższenie taryfy opłat za energię elektryczną dla gospodarstwa domowego jest główną opcją pozwalającą uczynić minigridę ekonomiczną solidną i opłacalną. Ponieważ większość ubogich z najbiedniejszych mieszka na wsi, rosnące ceny spowodują, że energia elektryczna będzie dla nich niedostępna. Dlatego też dotacja od rządu jest niezbędna do zapewnienia rentowności finansowej minigrupy.

Rozdział 5. Ewentualny wpływ sieci Minigrid

Energia ma zasadnicze znaczenie dla zrównoważonego rozwoju i wysiłków na rzecz ograniczenia ubóstwa. "*Dostęp do energii jest również podstawowym warunkiem osiągnięcia Milenijnych Celów Rozwoju".* "(GTZ, 2009, str. 1). Ma ona wpływ na wszystkie aspekty rozwoju, tj. społeczne, gospodarcze i środowiskowe, w tym na źródła utrzymania, dostęp do wody, wydajność rolnictwa, zdrowie, poziom populacji, edukację i kwestie związane z płcią" [24]. Ponieważ energia zawsze miała decydujące znaczenie dla wzrostu gospodarczego, rozwoju społecznego i ograniczania ubóstwa".[25]Można powiedzieć, że rozwój gospodarczy i zużycie energii idą równolegle. Wpływ zużycia energii jest bezpośrednio odzwierciedlony we wskaźnikach ekonomicznych, takich jak stopa bezrobocia, PNB, inflacja i handel. (SO.Igbinovio, et al, 2007, s. 18).

Żaden z Milenijnych Celów Rozwoju (MCR) nie może zostać osiągnięty bez znaczącej poprawy jakości i ilości usług energetycznych w krajach rozwijających się. [26]

"Usługi energetyczne, takie jak oświetlenie, ogrzewanie, gotowanie, energia napędowa, energia mechaniczna, transport i komunikacja są niezbędne dla rozwoju społeczno-gospodarczego, ponieważ wspierają

Ramka 4 Milenijne cele rozwoju

*"**Milenijne Cele Rozwoju (MCR)** to osiem międzynarodowych celów rozwoju, które wszystkie 192 państwa członkowskie ONZ i co najmniej 23 organizacje międzynarodowe uzgodniły do 2015 roku.*

Cele są następujące

- *Eliminacja skrajnej biedy i głodu,*
- *Osiągnięcie powszechnej edukacji podstawowej,*
- *Promowanie równości płci i wzmocnienie pozycji kobiet,*
- *zmniejszenie śmiertelności dzieci Wskaźnik śmiertelności*
- *Poprawa zdrowia macierzyńskiego*
- *Zwalczanie HIV/AIDS, malarii i innych chorób,*
- *Zapewnienie zrównoważenia środowiskowego,*
- *Rozwój globalnego partnerstwa na rzecz rozwoju".*

Źródło: http://www.un.org/millenniumgoals/

---

[24] *http://www.undp.org/energy/ 05/08/2010*

[25] *www.erc.uct.ac.za/jesa/volume18/18-3jesa-igbinovia.pdf* pg 2 (05/08/2010)

[26] *http://www.undp.org/energy 05/08/2010*

działalność generującą dochody i zapewniają możliwości zatrudnienia" (BŚ, 2005, str. 1) Dlatego też "elektryfikacja obszarów wiejskich przynosi znaczne korzyści mieszkańcom wsi". Promuje on produkcję rolną i poprawia stan zdrowia i edukacji na obszarach wiejskich. To również stworzy możliwości zatrudnienia i zwiększy działalność generującą dochody na obszarach wiejskich.

W związku z tym, ten projekt mini-sieciowy w wiejskiej części Nepalu będzie miał kilka skutków w życiu mieszkańców wsi. Projekt będzie w stanie zapewnić bardziej niezawodne i lepszej jakości zasilanie domów wiejskich. W ten sposób zmniejszy się presja na rząd, aby dostarczać energię elektryczną z sieci na obszary wiejskie. Opracowanie większej liczby takich miniaturowych projektów mogłoby być bardzo pomocne w Nepalu w celu złagodzenia trwającego problemu niedoboru energii elektrycznej w kraju.

Ponadto prawdopodobne jest, że wykorzystanie nafty i świec do oświetlenia zostanie ograniczone w regionie po wdrożeniu badanej mini-sieci. Poprawa jakości i niezawodności dostaw energii elektrycznej pomoże w tworzeniu możliwości generowania dochodów w regionie. Nadmiar energii z mini-sieci może być wykorzystany lokalnie do prowadzenia średnich przedsiębiorstw. Produkty lokalne z tych przedsiębiorstw mogłyby być przewożone na większe rynki miejskie poza regionem, ponieważ mają one sezonowy dostęp drogowy do obszarów miejskich.

Nadmiar energii elektrycznej w sieci minigridowej może być bardzo dobrą alternatywą dla zastąpienia paliw kopalnych i drewna opałowego wykorzystywanych przez gospodarstwa domowe, zmniejszając tym samym zagrożenie dla różnorodności biologicznej i środowiska naturalnego wynikające z niezrównoważonego wykorzystania zasobów energetycznych. Wiele mikroelektrowni wodnych w Nepalu, które pracują w trybie autonomicznym, może być dobrze wygenerowanych w celu redystrybucji dostępnej energii w bardziej efektywny sposób.

Dobrostan sieci minigridowej został szczegółowo opisany na przykładach wpływu elektryfikacji obszarów wiejskich w różnych krajach. Jak opisano we wcześniejszych punktach tego rozdziału, wzajemne powiązanie istniejących promocji zdrowia w miejscu pracy zwiększyłoby szanse na zatrudnienie lokalnej ludności, wygenerowanie dochodu dla lokalnej społeczności, zmniejszenie ubóstwa, a także miałoby wpływ społeczny i kulturowy oraz przyniosło korzyści środowisku lokalnemu i globalnemu, co doprowadzi do trwałości projektu. Każdy z nich jest szczegółowo opisany w dalszej części rozdziału.

5.1 Możliwości zatrudnienia i generowanie dochodów dla ludności miejscowej

"Rozbudowa infrastruktury na obszarach wiejskich jest niezbędna do sprowadzenia wszelkich znaczących zmian we wzorcach życia na wsi" (Barkat A. i in., 2002, s. 1). Elektryfikacja obszarów wiejskich jako jeden z kluczowych elementów infrastruktury niezbędnych do wspierania rozwoju gospodarczego obszarów wiejskich (Pandey.RC:2009, P1). Jak wspomniano w ramce 4, elektryfikacja obszarów wiejskich przyniesie więcej możliwości zatrudnienia dla ludności wiejskiej i ma wpływ na przedsiębiorstwa domowe. Poprawią się nawyki zawodowe ludności wiejskiej, co poprawi poczucie dyscypliny i bezpieczeństwa socjalnego ludności wiejskiej (BŚ, 2009, s. 34-35).

Małe przedsiębiorstwa, w tym firmy domowe, mają duży wpływ na dostępność energii elektrycznej. Elektryfikacja obszarów wiejskich zwiększy zarówno liczbę przedsiębiorstw, jak i liczbę godzin ich działalności. Ze względu na elektryczność, trudy w życiu mieszkańców wsi zmniejszą się.

W ten sposób połączenie minigrydowej sieci zwiększy liczbę średnich przedsiębiorstw, co zdecydowanie poprawi możliwości zatrudnienia dla lokalnej ludności.

Ramka 5 Wpływ elektryfikacji zatrudnienia w Bangladeszu

"W Bangladeszu około 1,1 miliona ludzi jest bezpośrednio zaangażowanych w tereny uprawne za pomocą napędzanych elektrycznie zestawów pomp irygacyjnych. 63 220 branż wykorzystujących energię elektryczną zatrudnia 983 824 osoby.

Przemysł zelektryfikowany generuje średnio 3,3 razy więcej miejsc pracy w porównaniu z przemysłem niezelektryfikowanym.

"W Bangladeszu wiejskie społeczeństwa elektryczne zapewniły miejsca pracy wiejskim rodzinom/młodzieżom". Ponadto w firmach budowlanych i biurach doradczych pracujących dla programu zatrudnionych jest łącznie 5 800 osób.

W sklepach detalicznych i hurtowych zużywających energię elektryczną zatrudnionych jest 848 630 osób.

Samo przedsiębiorstwo energetyczne "Palli Bidyut

Jednak wiele osób w badanym regionie prowadzi już małe przedsiębiorstwa, takie jak młyny, hodowla drobiu z wykorzystaniem energii elektrycznej z samodzielnych MHP i korzysta z nich. Niemniej jednak, teraz chcą wykonać tę pracę na dużą skalę. Miejscowa ludność miałaby 24 godziny na dobę, co pomogłoby jej rozwinąć działalność i wydłużyć dzienny czas pracy. Możliwości zatrudnienia na wsi wzrosną.

Jeżeli energia elektryczna jest wykorzystywana do różnych rodzajów działalności, istnieje prawdopodobieństwo, że dochody uzyskane z jej wykorzystania również wzrosną. Ponieważ MHPS są własnością społeczności lokalnej, taki wzrost przychodów z energii elektrycznej przyniesie w zamian korzyści ekonomiczne dla społeczności lokalnej (GTZ/SHPP, 2006, str. 16).

5.2 Ograniczenie ubóstwa

Energia jest ściśle powiązana z ograniczaniem ubóstwa. "*Dostęp do usług energetycznych przynosi rozwój gospodarczy poprzez fascynację mikroprzedsiębiorstw, poprawę warunków życia aktywizuje poza godzinami dziennymi, promowanie lokalnego biznesu, który będzie tworzył miejsca pracy* (DFID, 2002, s. 7)".

Dostęp do dostaw energii elektrycznej i wykorzystanie jej do różnych działań przynoszących dochód pomoże w ograniczeniu ubóstwa. Jakość życia z pewnością wzrośnie dzięki dostępowi do odpowiedniej, niezawodnej i przystępnej cenowo energii elektrycznej w domu.

Ponieważ wielu biednych ludzi mieszka na wsi, to właśnie oni czerpią z tego największe korzyści. Dostarczanie energii elektrycznej do pompowania wody w celu nawadniania zwiększy produktywność rolnictwa. Zwiększy to dostępność produktów żywnościowych na wsi i pomoże mieszkańcom wsi w utrzymaniu lepszych nawyków żywieniowych. Na przykład w Indiach program elektryfikacji obszarów wiejskich był stosowany głównie do nawadniania odmian roślin uprawnych elektrycznymi pompami wodnymi (WB, 2009, s. 35).

W ten sposób energia elektryczna z sieci minigrydowej może być wykorzystywana do wielu celów, ponieważ jest ona dostarczana w trybie 24/7 z sieci minigrydowej. Przyczyni się to do poprawy warunków życia ludności wiejskiej, a także pomoże w ograniczeniu ubóstwa.

5.3 Skutki społeczne

Badanie pokazuje, że wskaźnik alfabetyzacji na obszarach wiejskich znacznie wzrósł w związku z rozszerzeniem programu masowej edukacji w Bangladeszu (BarketA.et al,2002,p219). Biedni ludzie mogą chodzić do nocnych szkół po pracy.

Podobnie zmieniła się struktura życia na obszarach wiejskich, w związku z wprowadzeniem nowych artykułów konsumpcyjnych, takich jak lodówka, telewizor, radio, odtwarzacze kasetowe, wentylatory itp. Mieszkańcy wsi mogą doświadczyć pewnego rodzaju urbanizacji z dostępem do lepszych dostaw energii elektrycznej (BŚ, 2009, s. 3). Jeśli urządzenia elektryczne, takie jak silniki pomp, będą pracowały poza godzinami pracy w celu nawadniania, zwiększy to produktywność i zwiększy dochody lokalnych rolników (ibidem).Wraz ze wzrostem dochodów wzrośnie poziom życia ludzi.

Dzięki elektryfikacji obszarów wiejskich ludzie mogą uzyskać lepsze informacje na temat zdrowia za pośrednictwem takich mediów jak telewizory, Internet. Placówki służby zdrowia będą się zwiększać wraz z wykorzystaniem lodówek i innych urządzeń elektrycznych. Za pomocą pomp elektrycznych mogą one również korzystać z elektryczności, aby uzyskać czystą wodę ze studni.

Kobiety z obszarów wiejskich czerpią wiele korzyści z elektryfikacji. Mogą oni wykonywać dodatkową pracę po pracy w gospodarstwie domowym i dodawać do zarobków rodzinnych. Dzięki energii elektrycznej kobiety mają więcej wolnego czasu i "Kobiety hodują drób i bydło, zajmują się hodowlą warzyw, zajmują się projektami tkactwa i szycia oraz otwieraniem małych sklepów" (WB, 2009, s. 4). To pomaga kobietom stać się samowystarczalnymi.

Dlatego też elektryfikacja przyniesie zmiany społeczne i kulturowe w społeczeństwie, dlatego też niezawodne dostawy energii elektrycznej z sieci mini-sieci przyniosą również zmiany społeczne i kulturowe w społeczeństwie.

5.4 Oddziaływanie na środowisko

Energia jest powiązana ze zrównoważonym rozwojem na poziomie lokalnym, regionalnym i krajowym (GNESD, 2007, s. 9). Na poziomie lokalnym energia elektryczna z odnawialnych źródeł energii poprawi jakość życia (głównie osób ubogich).

Wykorzystanie drewna opałowego i węgla drzewnego w gospodarstwach domowych nie jest zrównoważone. Prowadzi to do wylesiania i degradacji terenów powodujących osuwanie się ziemi na obszarach głównie pagórkowatych w porze deszczowej. Gotowanie przy użyciu drewna opałowego powoduje zanieczyszczenie powietrza w domach wiejskich, wpływając na zdrowie mieszkających w nich ludzi. Dalsze wykorzystywanie tej formy energii będzie również stanowić zagrożenie dla lokalnego środowiska.

Szkody w środowisku i jego szkodliwe skutki można zmniejszyć poprzez zwiększenie wykorzystania odnawialnych źródeł energii i zwiększenie ich efektywności. W związku z tym zwiększenie niezawodności MHP poprzez sieć mini-sieci będzie miało na celu zmniejszenie szkodliwego wpływu wykorzystania paliw kopalnych i wykorzystania innych niezrównoważonych form energii.

Głównym celem tego projektu jest promocja przemysłu i dostarczanie energii elektrycznej przez 24 godziny na dobę mieszkańcom wsi. Oczekuje się, że projekt przyniesie korzyści społeczno-ekonomiczne wraz z poprawą stanu życia, zwiększeniem zatrudnienia, odciążeniem ludności wiejskiej od pracy w gospodarstwie domowym, poprawą służby zdrowia, zapewnieniem bezpieczeństwa w godzinach nocnych, podnosząc standard edukacji (BŚ, 2005, s. 8). Dzięki tym wszystkim korzyściom społeczno-gospodarczym, dobre oddziaływanie na środowisko lokalne sprawi, że projekt będzie zrównoważony i pomoże w zrównoważonym rozwoju.

Rozdział 6. Wniosek i zalecenie

6.1 Wniosek

Odległe osiedla, które są zasilane zdecentralizowanymi technologiami energetycznymi, takimi jak mikroelektrownie wodne, systemy domów solarnych, nie są zbytnio zadowolone z ograniczonej mocy, którą otrzymują z tych zakładów, a która wystarcza tylko na oświetlenie. Teraz ich zapotrzebowanie na energię elektryczną zostało zwiększone. Potrzebują więcej energii elektrycznej do korzystania z urządzeń elektrycznych, takich jak telewizor, radio, itp., a także do korzystania z urządzeń generujących dochód, takich jak szlifierka elektryczna, itp.

Z badań wynika, że połączenia międzysystemowe MHP poprawiają współczynnik obciążenia całego systemu generacji. Może wtedy zasilać większą liczbę odbiorników i poprawić niezawodność systemu (na przykład, jeśli jeden z zakładów zostanie wyłączony, odbiornik może łatwo uzyskać zasilanie z innego podłączonego do mini-sieci). Połączenie samodzielnych elektrowni zapewnia również jakość poszczególnych mikroelektrowni wodnych. Stanowi ona krótkoterminowe rozwiązanie dla zwiększonego zapotrzebowania na energię na obszarach wiejskich do czasu, gdy sieć krajowa dotrze do tych obszarów.

Analiza danych dotyczących gospodarstw domowych pokazuje, że mieszkańcy wsi są świadomi korzyści płynących z elektryczności i są skłonni do jej posiadania przez 24 godziny na dobę. Są gotowi zapłacić za więcej prądu w swoich domach.

Z badań i wizyt w MHP wynika, że wszystkie siedem MHP, które mają zostać połączone, pracują w dobrych warunkach, a zapotrzebowanie na energię elektryczną wzrasta w większości wsi w regionie.

Dlatego też analiza strony popytowej pokazuje, że krajowe i komercyjne zapotrzebowanie na energię elektryczną będzie wzrastać, jeśli otrzymają więcej mocy. Miejscowa ludność jest również bardzo chętna do posiadania średnich przedsiębiorstw.

Odczyty liczników energii w elektrowni pokazują dzienny profil obciążenia każdej elektrowni. Rejestracja i analiza tych profili obciążeń może być przydatna do prognozowania całkowitego obciążenia proponowanej mini siatki. Obliczenia pokazują, że współczynnik obciążenia systemu można poprawić do 65% z 42% przy połączeniu istniejących MHP.

Zdecentralizowane wytwarzanie energii okazało się już skutecznym sposobem na zrównoważenie ograniczeń technicznych i finansowych związanych z elektryfikacją obszarów wiejskich w Nepalu. Jednakże analizy techniczne systemu mini-sieciowego w niniejszym opracowaniu pokazują, że połączenie tych zdecentralizowanych elektrowni wodnych może jeszcze bardziej poprawić ich efektywność i wydajność. Energia elektryczna z tych zakładów może być następnie wykorzystywana nie tylko do oświetlenia, ale także do różnych działań przynoszących dochód, do celów rekreacyjnych i do używania różnych urządzeń elektrycznych w gospodarstwach domowych.

Dlatego też, efektywne wytwarzanie i wykorzystanie energii na poziomie lokalnym wydaje się być relatywnie szybszym sposobem na zaspokojenie obecnego wzrostu zapotrzebowania na energię elektryczną na obszarach wiejskich Nepalu. Można to zrobić dzięki połączeniu istniejących MHP.

W trakcie badań stwierdzono, że mikrokanałowy potencjał wodny na badanym obszarze jest dobry. Obecnie istnieje siedem istniejących MEW, które proponuje się połączyć w jedną miniaturową sieć i istnieje możliwość wykorzystania większej liczby MEW z tej samej rzeki w przyszłości.

W związku z tym, aby uniknąć marnotrawienia energii, proponuje się eksport nadwyżki energii wytworzonej w hydroenergetyce do mini-sieci energetycznej.11 kV proponowana jest linia przesyłowa tej nadwyżki energii elektrycznej. Projekt jest wykonany w taki sposób, aby w przypadku wzrostu zapotrzebowania i tworzenia nowych elektrowni w przyszłości można było przesyłać więcej mocy z tej samej linii.

Podobnie, aby pompować energię do sieci mini grid, konieczna jest synchronizacja generatorów. Dobry system dozowania, system sterowania i ochrony są niezbędne i najbardziej potrzebne. Istniejącą płytę ELC należy zastąpić płytą synchronizacyjną ELC posiadającą panel synchronizacyjny, system pomiarowy, system sterowania i system zabezpieczeń.

Z perspektywy finansowej sieci minigridowej można stwierdzić, że projekt nie jest finansowo opłacalny przy proponowanej taryfie NRs.3.5 za jednostkę. Jednostkowy koszt przesyłu energii w sieci minigridowej wynosi około NR-ów. 5,25 , który jest o 33 % wyższy od taryfy płaconej przez konsumenta wiejskiego. Dlatego też, aby system był finansowo opłacalny, taryfa powinna być większa niż NR. 5.25. Jednak mieszkańców wsi nie stać na podwyższenie taryfy. Subsydiowanie początkowych kosztów inwestycji może sprawić, że ten minigrydowy projekt stanie się finansowo opłacalny.

Dlatego też, bez odpowiedniego wsparcia finansowego i samostymulującej polityki rządu, budowa sieci mini-sieci na obszarach wiejskich nie może być finansowo opłacalna w Nepalu.
W trakcie tych badań badano różne modele zarządzania. Wśród nich model ZPP jest proponowany do rozważenia, gdzie elektrownie są zarządzane przez istniejące wspólnoty MHP, a system przesyłowy i dystrybucyjny jest zarządzany przez komitet mini grid. Model ten ułatwi społecznościom MHP wejście i wyjście z mini siatki. W tym przypadku spór w jednej elektrowni nie zaszkodzi całej instalacji minigrydowej.

Patrząc na możliwe skutki działania sieci mini-sieci, można powiedzieć, że jeżeli energia elektryczna jest dostępna przez 24 godziny na dobę, to można na miejscu prowadzić bardziej ekonomiczną działalność wytwórczą. Umożliwi to powstanie dużych i średnich przedsiębiorstw, które stworzą więcej miejsc pracy dla lokalnej ludności. Co więcej, prawdopodobnie ograniczy to wykorzystanie nafty i drewna opałowego w domach wiejskich, zmniejszając tym samym ich zanieczyszczenie wewnątrz pomieszczeń i przyczyniając się do zrównoważonego wykorzystania zasobów naturalnych.

6.2 Zalecenia

A. Konkretne zalecenia są wymienione dla projektu minigridowego

- Proponowany minigrid powinien być promowany na innych wiejskich obszarach pagórkowatych w Nepalu:
    - Natychmiastowa i trwała pomoc w zwalczaniu obecnego kryzysu energetycznego na obszarach wiejskich.
    - Rozwój technologii i wiedzy na obszarach wiejskich.
- Bardzo zalecane jest zapewnienie niezbędnych szkoleń i kontaktu z miejscowym personelem.
    - Dla niezawodności systemu niezbędna jest właściwa eksploatacja i konserwacja. Operator i kierownik sieci MHP i Minigrid potrzebuje szkolenia, ponieważ nowe urządzenia są dodawane i system staje się bardziej zautomatyzowany dzięki połączeniu.

- Właściwa koordynacja ze wszystkimi MHP, komitetem sieci minigrydowej, członkami społeczności jest uważana za niezbędną na danym obszarze do pomyślnego wdrożenia minigrydów.

- Rozważenie budowy nowych elektrowni w celu zaspokojenia zapotrzebowania na obciążenie wzrostem jest niezbędne w przeciwnym razie, po niekiedy wystąpi poważny problem pokoleń i niedopasowania obciążenia. Spowoduje to wiele sporów. MHP musi stawić czoła wielu wyzwaniom technicznym i obciążeniom finansowym wynikającym z niepożądanych zakłóceń.

B. Dla przezwyciężenia barier finansowych związanych z minigridą

Badanie pokazuje, że projekt mini-sieci nie jest opłacalny finansowo. Ta miniaturowa sieć jest pierwszą tego typu proponowaną do wprowadzenia w kraju. W związku z tym, aby mogła ona zostać faktycznie wdrożona i powielona w innych częściach kraju, wymagane jest wsparcie ze strony rządu. W związku z tym proponuje się następujące zalecenia dla rządu w celu przezwyciężenia barier finansowych związanych z siecią minigrydową i związaną z nią technologią.

- Należy wprowadzić politykę subsydiowania rozwoju zarządzanych przez społeczność minigrydowych sieci.

- Podobnie jak w przypadku rozwoju mikroelektrowni komunalnych, należy stworzyć intuicyjne podejście do rozwoju sieci minigrydowych.

- Rozwój projektu mikroelektrowni wodnych w ramach mechanizmu czystego rozwoju (CDM) to kolejny boski sposób na zrekompensowanie wysokich kosztów połączeń międzysystemowych MEW i zinternalizowanie korzyści środowiskowych płynących z mikroelektrowni wodnych dla połączenia międzysystemowego. W związku z tym do dalszych badań zaleca się wykorzystanie potencjału w ramach mechanizmu CDM.

C. Dla ustanowienia bezpiecznej inwestycji

Dla zapewnienia bezpieczeństwa inwestycji i dobrych zysków finansowych z mini-sieci, w społecznościach muszą powstać średnie i duże przedsiębiorstwa. W związku z tym zaleca się, aby rząd promował i ułatwiał wprowadzanie gałęzi przemysłu na tym terenie.

D. Polityka w zakresie połączeń wzajemnych

W Nepalu istnieje polityka dotycząca podłączenia mikroelektrowni do krajowej sieci energetycznej. Nie ma jednak polityki łączenia istniejących MHP w minigridową sieć. Dlatego też należy sformułować politykę określającą poziom i zakres wsparcia, jakie rząd może zapewnić w zakresie połączenia MHP.

E. W celu stworzenia zrównoważonej infrastruktury

Początkowa faza rozwoju minigrady wymaga szczególnej uwagi w zakresie tworzenia zrównoważonej infrastruktury i zarządzania projektem. Może to skutkować wysokimi kosztami eksploatacji i utrzymania, a także koniecznością zatrudnienia wysoko wykwalifikowanych pracowników, co będzie miało bezpośredni wpływ na trwałość projektu. Aby uniknąć takich konsekwencji, sformułowano następujące zalecenia:

- Należy skoncentrować się na podnoszeniu umiejętności ludzi ze społeczności lokalnej poprzez organizowanie warsztatów i szkoleń, tak aby mogli oni rozwiązywać problemy lokalnie. Operatorzy i menedżerowie MHP powinni być szkoleni w zakresie wysokich umiejętności.

- Ustanowienie standardu technicznego dla Micro Hydroplants i ich akcesoriów jest niezbędne do synchronizacji z siecią.

- Aktywny udział członków społeczności w działaniach projektowych ograniczy różne rodzaje sporów na poziomie lokalnym i zwiększy poczucie własności, co będzie miało pozytywny wpływ na ogólną trwałość projektu.

F. Ramy instytucjonalne i regulacyjne

Należy stworzyć skuteczne instytucje i ramy regulacyjne w celu promowania budowy minigrady w Nepalu. Należy jasno określić role i obowiązki różnych organów rządowych. Należy zapewnić właściwą koordynację między APEC i NEA w celu promowania zdecentralizowanych technologii energetycznych jako ważnego portfela technologii energetycznych w celu rozwiązania obecnego kryzysu energetycznego Nepalu.

Referencje

- AEPC/ESAP-MGSP, 2008: Minigrid Rocznik Nepalu 2007, Kathmandu

- AEPC/ESAP, 2009: Studium wykonalności dotyczące możliwego połączenia sieciowego Micro hydro, Południowy Lalitpur, Nepal

- "Barkat A. et al" 2002: "Economic and Social Impact Evaluation Study of the Rural Electrification Program in Bangladesh".
  Dostępny na :
  http://www.ocdc.coop/Sector/Energy%20and%20Rural%20Electrification/ReadmoreCH8-Bangladesh.pdf 09/08/2010

- Bolli.M, 2010: Projekt sprawozdania w sprawie sieci Minigrid "Opcja koncepcji operacji, GTZ, Kathmandu

- CBS, 2008: Książeczka statystyczna Nepalu 2009 Kathmandu Rząd Nepalu, Centralne Biuro Statystyki,

- DDC: Baglung 2010, profil okręgowy Baglung (w wersji nepalskiej)

- DDC/DRILP, 2007: Raport końcowy z przygotowania / aktualizacji Planu Rozwoju Transportu Rejonowego (DTMP) Rejonu Baglung, Kathmandu

- DFID, 2002: "Energia dla biednych". Wspieranie Milenijnych Celów Rozwoju", DFID, Wielka Brytania
  Dostępny pod adresem: http://www.ecn.nl/fileadmin/ecn/units/bs/JEPP/energyforthepoor.pdf

- ESMAP: 2000: Subsydia Zrównoważone usługi energetyczne na obszarach wiejskich: Czy możemy tworzyć zachęty bez zniekształcania rynków? Niedostępne

- *GoN/AEPC, 2009, Polityka dotowania odnawialnych źródeł energii (obszarów wiejskich), Kathmandu*

- Global Network on Energy for Sustainable Development (GNESD), 2007, "Reaching the Millennium Developing Goals and beyond - Access to Modern Forms of Energy as a Pre-conditionite".
Dostępny pod adresem: http://www.gnesd.org/Downloadables/MDG_energy.pdf

- GTZ/SSPPB: 2009a, Projekt promocji małej energetyki wodnej, etap 4, szkolenie w zakresie budowania potencjału, synchronizacja, Kathmandu p 4

- GTZ/SSPP: 2009b, Projekt promocji małej energetyki wodnej, etap 4, szkolenie w zakresie budowania potencjału, gubernator, Kathmandu.

- GTZ/SSPP: 2009c, Projekt promocji małej energetyki wodnej, faza 4, szkolenie w zakresie budowania potencjału, sieć przesyłowa, Kathmandu s. 12

- GTZ/SHPP, 2006: Podłączenie MHP do National Grid w Nepalu

- GTZ/SSPP: niedatowany, Kalung Khola Urja Upakata minigrid Projekt ppt , Kathmandu Nepal

- GTZ/SHPP, 2006: Projekt raportu o podłączeniu KSE do krajowej sieci energetycznej w Nepalu, Niemiecka Współpraca Techniczna, Projekt Promocji Małych Elektrowni Wodnych, Lalitpur, Nepal

- GTZ,2009, Energising Development , Raport o skutkach
Avialable on www2.gtz.de/*.../bib/gtz2009-0299en-energising-development.pdf 15/08/2010*

- Gupta J.B, 2005, Kurs na temat energii elektrycznej, Indie

- Inversin, A.R., 2000: Podręcznik projektowania minigridów, niedostępny
Dostępny na stronie http://www.riaed.net/IMG/pdf/Mini-Grid_Design_Manual-partie1.pdf 10/06/2010

- NEA,not 2003 : Nepal Electricity Distribution Act, 2060, Ratnapark, Kathmandu

- Neupane.S, 2006: Orientacja dla EDO w zakresie mobilizacji społeczności ppt, REDP, Kathmandu
- NEA, 2009/10: Nepal Electric Authority, A year in Review, Ratnapark, Kathmandu
- Pandey.RC :(brak danych), Rural Entrepreneurship through Electricity, Hydro Nepal Issue 4
- Rijal. K, 2000, Participatory Action Research on Community - based Energy Planning and Management (A Case Example of Yarsha Khola Watershed, Nepal), International Centre for Integrated Mountain Development (ICIMOD).
- REDP, 2006: Rok Mądre osiągnięcia 1997-2006, Program Rozwoju Energetyki Wiejskiej, Lalitpur, Nepal
- R.Widmer/A.Arter:1992, Village Electrification, seria MHPG, wykorzystująca moc wody na małą skalę, Szwajcaria
- REDP, 2005: Report on Assessment of Rural Energy Development Program (REDP), Impact and its contribution in achieving MDGs, Kathmandu
- REDP,2001:Wytyczne dotyczące wdrażania mikrohydro, Pulchowk
- REN21, Energy for Development, The potential roll of Renewable energy in meeting the Millennium Development goals.
- Schläpfer A. et al (2008), Kwestie związane z elektryfikacją obszarów wiejskich z wykorzystaniem energii odnawialnej w rozwijających się krajach Azji i Pacyfiku.
- Shakya.B, 2006: Studium wykonalności dotyczące połączenia Thado Khola MHDS Parvat z National Grid, REDP, Kathmandu
- Shakya.B, 2005: Framework condition of Community - owned wind energy projects in the Highlands of Scotland with emphases on Grid Connection issue, Flensburg
- IgbinoviaS.O.et al,2007: Journal of Energy w Republice Południowej Afryki , Cape town

- USAID, niedostępne: Południowoazjatycka inicjatywa regionalna na rzecz współpracy i rozwoju w dziedzinie energii, analiza korzyści gospodarczych i społecznych związanych z handlem energią w Azji Południowej oraz kwadrans wzrostu.

- Sekretariat Komisji ds. Wody i Energii (WECS), rząd Nepalu: Sprawozdanie podsumowujące sytuację energetyczną (2006)

- Bank Światowy (2008), The Welfare Impact of Rural Electrification: A Reassessment of the Costs and Benefits-An IEG Impact Evaluation, Pdf dostępny w http://siteresources.worldbank.org/EXTRURELECT/Resources/full_doc.pdf 10/08/2010

- Bank Światowy, 2009 : Welfare impact of Rural Electrification, A case study of Bangladesh Dostępny na http://docs.google.com/viewer?a=vid=sitesrcid=ZGVmYXVsdGRvbWFpbnxkb3VnbGFzZmJhcm5lc3xneDo3NDIzNzBmOGZlNmZiODhi 06/08/2010

- WB, niedostępne :Elektryfikacja obszarów wiejskich i redukcja ubóstwa: Ocena wpływu (dokument dotyczący podejścia)
Dostępne na:
http://lnweb90.worldbank.org/oed/oeddoclib.nsf/b57456d58aba40e585256ad400736404/6faaa0a0926691468525729600 75af89?OpenDocument 06/08/2010

- W.B., Department of Economic and Social Affairs, 2005, "The Energy Challenge for Achieving the Millennium Development Goals".
Dostępny pod adresem
http://www.unhabitat.org/downloads/docs/920_88725_The%20Energy%20challenge%20for%20achieving%20the%20millenium%20development%20goals.pdf 11/08/2010

- W.Michael, 2010: Potencjał systemów solarnych dla domów, biogazowni i mikroelektrowni wodnych w Nepalu oraz możliwości dla MIF, AEPC, Kathmandu
Dostępny na stronie http://www.microfinancegateway.org/gm/document-1.1.4829/5.pdf

- Yadap.R, 2008:Technical Paper on Community Rural Electrification in Nepal .NEA, Kathmandu
- Y.TEK, 2009: Minigrid Survey Report Urja Upatayaka Baglung Nepal , Dehradun Indie

Lista organizacji, z którymi się skontaktowano:

1	Centrum Promocji Energii Alternatywnej
2	Okręgowy Komitet Rozwoju: Baglung
3	Okręgowy Komitet Rozwoju: Okręgowa Sekcja Energii i Środowiska
4	DDC/DRLIP, Baglung
5	Nepal Electricity Authority
6	Mały projekt promocji energetyki wodnej
7	Centrum Technologii Odnawialnych
8	Instytut Inżynierii, Kampus Pulchowk
9	Program rozwoju energetyki wiejskiej

Źródło internetowe:

http://hdrstats.undp.org/en/countries/country_fact_sheets/cty_fs_NPL.html, 06/06/2010

http://www.iea.org/textbase/nppdf/free/2009/key_stats_2009.pdf 06/06/2010

http://www.undp.org/energy/20/08/2010

http://www.aepc.gov.np/index.php?option=com_contentiew=categoryayout=blogd=67temid=93,08/08/2010

http://www.energyhimalaya.com/sources/micro-hydro.html,01/08/2010

http://www.usaid.gov/our_work/environment/climate/country_nar/nepal.htm, 28/06/2010

http://ncthakur.itgo.com/map04.htm, 21.06.2010

http://www.ippan.org.np/HPinNepal.html 01/08/2010

http://3.bp.blogspot.com/_g1TqL88OWm8/SvuhoL9dFTI/AAAAAAAAABU/GxnsVEg-cwE/s1600-h/baglung.jpg 21.06.2010

http://www.un.org/millenniumgoals/ 27/07/2010)

http://www.fncci.org/text/royalty_fee.pdf 31/07/2010

http://science.nasa.gov/science-news/science-at-nasa/2002/solarcells/ 25/07/2010

http://www.eubia.org/116.0.html 21/07/2010

http://www.nrb.org.np/fxmexchangerate1.php?YY=MM=DD= 2010.08.22

http://www.adb.org/Documents/Fact_Sheets/NEP.pdf 2010/06/20

www.esha.be/fileadmin/esha_files/documents/.../ES3_H_Shakya.pdf w dniu 15/07/2010 r.

www.erc.uct.ac.za/jesa/volume18/18-3jesa-igbinovia.pdf 05/08/2010

Załącznik

Załącznik 1 Kwestionariusz badania gospodarstw domowych

1. Nazwisko respondenta:................. .

Adres :

2. Liczba członków gospodarstwa domowego:-

Kobieta:- .... Mężczyzna ....

3. Roczny dochód rodziny:- ....

Rolnictwo ....

Praca zawodowa/emerytura/ praca zagraniczna ....

Biznes..............

Wynagrodzenia ....

Inni.............. .

4 Jaką formę energii i ile zużyłeś/aś na gotowanie w ciągu miesiąca i ile to kosztowało?

Drewno opałowe ☐........................ Koszt ....R

L...........................itry ☐ neurosyny Koszt ....

LPG .☐..............................nie.

Energia elektryczna .☐ kW............................

Brikritte ☐

Inni .☐........................

5. Które z następujących urządzeń elektronicznych są w twoim domu?

Radio ☐

T.V. ☐

Inni ☐

6. Czy planujesz użyć innego urządzenia? Jeśli tak, poniższa lista

7. Ile żarówki lub wata używasz do oświetlenia domu?

....Watt

.... żarówki watowe

8. Czy energia elektryczna do oświetlenia jest wystarczająca czy nie?

Tak Nie ☐ ☐

Jeśli nie, to ile chcesz? ....watów.

9. Jakie jest twoje zużycie energii? Nie ma miejsca na odpowiedź na pierwszą część pytania, czy to wystarczy?

Tak NIE ☐ ☐

jeśli nie to ile jeszcze chcesz?............... Watt

10. W jakim celu potrzebujesz więcej energii elektrycznej?..........................

11. Jaki jest twój miesięczny rachunek za elektryczność?..........................

12. Czy chciałbyś zużywać/konsumować więcej energii elektrycznej, jeśli masz więcej w najbliższej przyszłości?

Tak ☐ Nie ☐

Załącznik 2 Kwestionariusze dotyczące mikrohydroodpornych urządzeń FG

Data ....

1. Nazwa programu.......................... .
   Adres :-.. .
2. Nazwa rzeki :-.................................. .
3. Data założenia ....
4. Gospodarstwa domowe korzystające z pomocy:-...................................
   Po ustaleniu ....
   W chwili obecnej ....
5. Zdolność produkcyjna zakładu:-....................
   Całkowite zużycie energii elektrycznej:-.....................
6. Maksymalne zużycie energii elektrycznej :-
   Czas w ciągu dnia..............
   .... kW
7. Elektrownia czasowa pracująca w ciągu doby i wytwarzająca maksymalne zużycie?

	Czas	kW
Dzień dobry		
Wieczór		
Noc		

8. Czy produkt elektryczny wytwarzany przez zakład jest wystarczający?
   Tak NIE ☐ ☐
   Jeśli zasilanie NO jest niewystarczające
   1. mniej niż 10%
   2. 11-25%
   3. 26-50%
   4. Więcej niż 50%
9. Energia elektryczna produkowana przez zakład MH jest dobrej jakości?
   Tak NIE ☐ ☐

   Jeśli NIE, to jaki jest główny problem ....
10. Jakie jest napięcie robocze i częstotliwość pracy instalacji?
   ....to .... Volt ....to .... HZ

11. Jakie są główne problemy w zakładach?

Elektryczny	

Mechaniczny	
Cywilny	
Eksploatacja i konserwacja	
Inni	

12. Jakie są główne prace konserwacyjne wykonywane w elektrowniach?

S.N	Główna konserwacja	Sporządzono w dniu	Jak długo następuje przerwa w dostawie energii elektrycznej	Ile to kosztowało
1				
2				
3				
4				

Dodałbym pytanie, jak często robiłem alimenty.

Kwestia społeczno-gospodarcza :-

1. Jaka jest taryfa ustalona na miesiące
   Rs................. / żarówka/ miesiące Rs.................../watt/miesiąc

   Taryfa minimalna w ....każdym miesiącu

2. Ile gospodarstw domowych nie jest w stanie zapłacić rachunku za prąd?
   .... HHs

3. Ile gospodarstw domowych zostało w przeszłości odłączonych z powodu niepłacenia rachunków?

4. Brak zastosowań końcowych wykorzystujących energię elektryczną z elektrowni Microhydro

   ....

Wymieniono je w poniższej tabeli

	Nazwa zastosowania końcowego	Zużycie energii elektrycznej	Godziny pracy	Taryfa
1				
2				
3				

5. Procentowy udział użytkownika końcowego płacącego regularnie taryfę?

....

6. Po utworzeniu elektrowni, ile razy zmieniono taryfę dla gospodarstw domowych?

………… Czasy

Times	Poprzedni	Zmieniony	Randka?
1			
2			
3			

7. Ile razy po utworzeniu elektrowni zmieniono taryfę dla małego przedsiębiorstwa ?

Times	Poprzedni	Zmieniony	Czas trwania zmiany
1			
2			
3			

8. Czy trudno jest podwyższyć taryfę?

Tak NIE ☐☐

9. Jaki jest dochód tej mikroelektrowni wodnej?

Zysk ………………….. Strata………………… ...

Jeśli jest strata, podaj przyczynę …………………

Źródło dochodu

	Źródło:	Dochód z ostatniego miesiąca	Dochód z ubiegłego roku
1	Z gospodarstwa domowego		
2	użytkownicy końcowi		
	Razem		

Miesięczny wydatek

	Oznaczenie	Miesięczne wynagrodzenie
1	Operator	
2	Kierownik	
3	Inni	

10. Zwykły dom płatniczy Tarriffa posiada ....HHs

11. Spóźniony okupant płacący gospodarstwo domowe........................ . HHs

12. Czasem tylko okupant płaci gospodarstwom............ domowym HHs

13. Nigdy nie płacił gospodarstwom domowym ....HHs

14. Czy w zakładzie Microhydro prowadzone są księgi rachunkowe?

Tak NIE

Jeśli nie, to dlaczego i od kiedy przestają prowadzić dziennik.............................

15. Czy są regularne spotkania grupy funkcyjnej?

Tak NIE

Jeśli odbywają się regularne spotkania

Raz w miesiącu

Raz na 2 miesiące

Raz na 6 miesięcy

....

16. Czy Grupa Fuctional protokołuje decyzję podjętą podczas spotkania?

Zawsze Kilka razy Rzadko Nigdy

17. Jakie są zasady i kary dotyczące pobierania opłaty za przejazd, późno wytapetowanego płatnego odbiorcy, kradzieży energii elektrycznej?

Wymienione poniżej.

18. Jaka jest korzyść dla elektrowni, jeśli MH jest podłączony do minigridy?

Rodzaje	
Techniczne	
Finansowy	
Społeczne	
Zarządzanie	

19. Jak można zarządzać całymi minigridami wraz z różnymi MH-ami? Jaki jest twój widok

20. Czy ten system ma nadwyżkę energii do sprzedania?

Tak NIE

Załącznik 3 Dzienny profil obciążenia

Nie.		1	2	3	4	5	6	7	
MHP		GÓRNY KALUNG , PAIYUN THANTH AP	KALU NG KHOL A, PAIYU NTHA NTHAP	URJA KHOLA- I, RANGK HANI	URJA KHOLA- II, RANGKH ANI	URJA KHOLA- III, PAIYUN THANTH AP	MŁYNE K RYŻOW Y NANDA, DAMEK	THEU LEKH OLA, SARK UWA	**Razem**
Łącznie HHs		117	230	292	132	185	115	290	**1361**
CAPACITYKW		12	22	26	10	25	10	24	**129**
Dzienn y profil obciąże nia	**0:00**	0.0	0.0	0.0	0.0	0.0	0.0	0.0	0.0
	1:00	0.0	0.0	0.0	0.0	0.0	0.0	0.0	0.0
	2:00	0.0	0.0	0.0	0.0	0.0	0.0	0.0	0.0
	3:00	0.0	0.0	0.0	0.0	0.0	0.0	0.0	0.0
	4:00	0.0	0.0	0.0	0.0	0.0	0.0	0.0	0.0
	5:00	5.5	18.0	18.0	7.0	16.0	7.0	11.0	82.5
	6:00	7.0	17.0	22.0	9.0	19.0	8.5	15.0	97.5
	7:00	0.0	16.0	23.0	7.5	17.0	6.5	6.0	76.0
	8:00	9.0	16.0	0.0	0.0	0.0	0.0	15.5	40.5
	9:00	9.0	16.0	0.0	0.0	18.0	0.0	15.5	58.5
	10:00	9.0	0.0	0.0	0.0	18.0	0.0	15.5	42.5
	11:00	0.0	0.0	0.0	0.0	18.0	0.0	15.5	33.5
	12:00	0.0	0.0	18.0	8.0	18.0	7.0	15.5	66.5
	13:00	0.0	0.0	18.0	8.0	9.0	0.0	0.0	35.0
	14:00	9.0	0.0	18.0	8.0	9.0	7.0	5.6	56.6
	15:00	9.0	15.0	18.0	8.0	0.0	7.0	9.5	66.5
	16:00	9.0	15.0	18.0	8.0	0.0	7.0	9.0	66.0
	17:00	9.0	15.0	0.0	7.0	0.0	7.0	9.5	47.5
	18:00	8.5	16.0	19.0	9.0	16.0	7.0	16.0	91.5
	19:00	10.0	19.0	24.5	10.0	22.0	8.0	18.0	111.5
	20:00	12.0	22.0	26.0	9.0	22.0	9.5	18.5	119.0
	21:00	11.0	22.0	24.0	7.0	18.0	7.0	5.0	94.0
	22:00	9.0	19.5	22.0	3.0	14.0	2.0	4.0	73.5
	23:00	2.0	10.0	5.0	2.0	12.0	0.0	0.0	31.0
	Razem kWh	128	236.5	273.5	110.5	246.0	90.5	204.6	1289.6
	MAX kW	12.0	22.0	26.0	7.0	22.0	9.5	18.5	119.0
	Miesięcz ne Rs/kW	0	0	0	0	0	0	0	
	Razem Miesięcz nie z gospoda rstwa domowe go	5556	16,000. 00	10,860.0 0	6,530.00	18,500.00	3,450.00	9,653. 00	
	Taryfa dla małych	2200	3200	2000	2140	1500	1500	2347	

	przedsiębiorstw								
	Całkowity miesięczny dochód	7,756.00	19,200.00	12,860.00	8,670.00	20,000.00	4,950.00	12,000.00	85,436.00
	Dochód roczny ogółem	93,072.00	230,400.	154,320.	104,040.	240,000.	59,400.	144,000.	**1,025,232.**

(Uwaga: Miesięczny dochód z badania MHP)

Współczynnik obciążenia = obciążenie średnie / obciążenie maksymalne

=1289.6/(129*24)

=42 %

Załącznik 4 Prognoza obciążenia po konstrukcji minigridy

S.N.		1	2	3	
MHP		Istniejące lekkie obciążenie	Dodatkowe oświetlenie	Dodatkowe zastosowania końcowe	Razem
CAPACITYKW		129	129	129	129
kW WYWÓZ (ŁADUNKOWY PRZECIWPOŁUDNIOWY ZA GRIDĄ MINIÓW)	0:00	0.0	32.5	1.44	33.9
	1:00	0.0	32.5	1.44	33.9
	2:00	0.0	32.5	1.44	33.9
	3:00	0.0	32.5	1.44	33.9
	4:00	0.0	32.5	1.44	33.9
	5:00	82.5	16.3	1.44	100.2
	6:00	97.5	16.3	1.44	115.2
	7:00	76.0	16.3	1.44	93.7
	8:00	40.5	16.3	1.44	58.2
	9:00	58.5	16.3	24.44	99.2
	10:00	42.5	16.3	24.44	83.2
	11:00	33.5	16.3	24.44	74.2
	12:00	66.5	16.3	24.44	107.2
	13:00	35.0	16.3	24.44	75.7
	14:00	56.6	16.3	24.44	97.3
	15:00	66.5	16.3	18.44	101.2
	16:00	66.0	16.3	18.44	100.7
	17:00	47.5	16.3	18.44	82.2
	18:00	91.5	16.3	18.44	126.2
	19:00	111.5	16.3	1.44	129.2
	20:00	119.0	16.3	1.44	136.7
	21:00	94.0	16.3	1.44	111.7
	22:00	73.5	16.3	1.44	91.2
	23:00	31.0	16.3	1.44	48.7
	kWH	1289.6	472.2	240.6	2002.4
	Średni Współczynnik Straty Dystrybucji (1-Loss%)	0.94	0.94	0.94	0.94
	Średnia dostępność (współczynnik wykorzystania 1)	0.97	0.97	0.97	0.97

	Taryfa @ Rs/kwH	3.5	3.5	3.5	3.5
	Przychody ogółem	1,502,157.68	550,030.13	280,210.18	2,332,397.99

Współczynnik obciążenia = obciążenie średnie / obciążenie maksymalne

=2002.4/(129*24) = 65 %

Załącznik 5 małe przedsiębiorstwo i zużycie energii

Małe przedsiębiorstwo	**Operacja Hrs**	**kW**	**Okres eksploatacji**	**Źródło (w celu znalezienia zużycia energii przez różne silniki)**
Kruszarka do kamienia	3	30	23-01	http://www.blcrushers.com/product/posui/2010-01-02/1.html
Mleczarnia (24 godz.)	24	1.44	00-24	http://www.genesisnow.com.au/html/dairy.htm (elektryczność dla dariy)
Młyn ryżowy (15-18)	3	17	15-18	http://www.energymanagertraining.com/announcements/ issue25/winnerspapersIssue25/02YogeshKumarPandey.pdf
Fabryka mebli	5	23	9-14	www.arcraftplasma.com/welding/weldingdata/powersources. htm+electricity+consu

Załącznik 6 Zysk z połączeń międzysystemowych

Dochody z minigridy		
Dochody rocznie	Nrs	Uwagi
Obecne dochody z MHPS	1,025,232.00	
Przychody po połączeniu minigridowym	2,332,397.99	
Zysk z połączenia międzysystemowego	1,307,165.99	

Załącznik 7 Miesięczny dochód MHP

S. N.	Nazwa Micro hydro	Dochody od gospodarstwa domowego /miesiąc	Przychody od przedsiębiorstwa/miesiąc	Przychody ogółem	Wydatki ogółem	Zysk	Uwaga
1	Theula Khola	9653	2347	12000	9300	2700	Brak przejrzystości
2	Urja khola III	18500	1500	20000	11700	8300	"
3	Urja khola 1	10860	2140	13000	11000	2000	
4	Górny kalung Khola	5556	2200	7756	6800	956	
5	Kalung Khola	16000	4000	20000	9800	10200	
6	Urja khola II	6530	2070	8600	10500	-1900	Depozyt pieniężny w banku, odsetki z banku wykorzystane na

							wypłatę wynagrodzenia
7	Młyn ryżowy w Nanadzie	3450	0	3450	0	3450	Prywatnie własny

Załącznik 8 Małe przedsiębiorstwo w MHP

S. N	Nazwa Micro hydro	Liczba małych przedsiębiorstw	Nazwa przedsiębiorstwa	Zużycie energii elektrycznej (kW)	Czas pracy	Taryfa/miesięcy
1	Theula Khola	4	Młyn	5		850
			Młyn	5	06-11	499
			Młyn	5	14-17	499
			Młyn	7	14-17	499
2	Urja khola III	3	Młyn Min Bahadur	8	8-11	500
			Młyn Tara Hamal	8	11-13	500
			Tejendra thapa młyn	8	8-11	500
3	Urja khola 1	5	Młyn	5.5	11-16	500
			Młyn	5.5	11-16	500
			Ferma drobiu (5)	0.5	00-24	500
			Studia fotograficzne	0.15	00-24	250
			Komputery	0.15	00-24	250
4	Górny kalung Khola	2	Młyn ryżowy	9	06-11	1100
			Młyn ryżowy	9	13.30-16.30	1100
5	Kalung Khola	6	Młyn	12	06-08	900
			Młyn	12	08-10	900
			Młyn	12	16-18	900
			Studio fotograficzne	0.2	00-24	250
			Gospodarstwo drobiarskie	0.2	00-24	250
6	Urja khola II	3	Młyn	8	13-16	1500
			Młyn	8	12-13	500
			Gospodarstwo drobiarskie	0.2	00-24	70

			Gospodarstwo drobiarskie	0.2	00-24	70
7	Młyn ryżowy w Nanadzie	2	Piła warsztatowa	6	11-12	Prywatne własne (Nie ustalone)
			Młyn ryżowy	6	13-17	Prywatne własne (Nie ustalone)

Załącznik9 NEA- Stawki taryfy opłat za energię elektryczną

1:	DOMESTIC CONSUMERS			
	A	Minimum Monthly Charge : METER CAPACITY	Minimum Charge (NRs.)	Exempt (kWh)
		Up to 5 Ampere	80.00	20
		15 Ampere	299.00	50
		30 Ampere	664.00	100
		60 Ampere	1394.00	200
		Three phase supply	3244.00	400
	B	Energy Charge:		
		Up to 20 units	Rs. 4.00 per unit	
		21 - 250 units	Rs. 7.30 per unit	
		Over 250 units	Rs. 9.90 per unit	
2:	TEMPLES			
	Energy Charge		Rs. 5.10 per unit	
3:	STREET LIGHTS			
	A	With Energy Meter	Rs. 5.10 per unit	
	B	Without Energy Meter	Rs. 1860.00 per kVA	
4:	TEMPORARY SUPPLY			
	Energy Charge		Rs. 13.50 per unit	
5:	COMMUNITY WHOLESALE CONSUMER			
	Energy Charge		Rs. 3.50 per unit	
6:	INDUSTRIAL		Monthly Demand Charge (Rs./kVA)	Energy Charge (Rs./unit)
	A	Low Voltage (400/230 Volt)		
		(a) Rural and Cottage	45.00	5.45
		(b) Small Industry	90.00	6.60
	B	Medium Voltage (11 kV)	190.00	5.90
	C	Medium Voltage (33 kV)	190.00	5.80
	D	High Voltage (66 kV and above)	175.00	4.60
7:	COMMERCIAL			
	A	Low Voltage (400/230 Volt)	225.00	7.70
	B	Medium Voltage (11 kV)	216.00	7.60
	C	Medium Voltage (33 kV)	216.00	7.40
8:	NON-COMMERCIAL			
	A	Low Voltage (400/230 Volt)	160.00	8.25
	B	Medium Voltage (11 kV)	180.00	7.90
	C	Medium Voltage (33 kV)	180.00	7.80

9:	IRRIGATION				
	A	Low Voltage (400/230 Volt)		-	3.60
	B	Medium Voltage (11 kV)		47.00	3.50
	C	Medium Voltage (33 kV)		47.00	3.45
10:	WATER SUPPLY				
	A	Low Voltage (400/230 Volt)		140.00	4.30
	B	Medium Voltage (11 kV)		150.00	4.15
	C	Medium Voltage (33 kV)		150.00	4.00
11:	TRANSPORTATION				
	A	Medium Voltage (11 kV)		180.00	4.30
	B	Medium Voltage (33 kV)		180.00	4.25

Załącznik 10 kosztów ratalnych

S.No.	Materiały i wyposażenie	Ilość	Jed nost ka	Stawka (NR)	Ogółem (NR)
1	**Transformatory**				
1.1	50 KVA 0,4/11Kv Transformator	4	Nos	264,000.00	1,056,000.00
1.2	30 KVA 0,4/11KV Transformator	3	Nos	225,000.00	675,000.00
	Z 13% VAT(Ogółem)				1,956,030.00
1.3	Instalacja				18,871.00
	Całkowity koszt transformatora				1,974,901.00
2	**Panel synchronizacyjny ELC oparty na sterowniku PLC**				
2.1	Panel synchronizacyjny ELC	4	Nos	668,800.00	2,675,200.00
2.2	Panel synchronizacyjny ELC	3	Nos	595,200.00	1,785,600.00
	Z 13% VAT , Koszt całkowity				5040704
2.3	Instalacja			1321164	1,321,164.00
	Razem				6361868
3	**Linie przesyłowe**				
3.1	Przewód ACSR (łasica)	27.3	km	26,000.00	709,800.00
3.2	Piorunowy aresztant	14	Zest aw	7,150.00	100,100.00
3.3	Zestaw uziemiający	27	Zest aw	8,500.00	229,500.00
3.4	Bezpiecznik D.O.	7	Zest aw	12,750.00	89,250.00
3.5	Izolator tarczowy z zestawem naprężającym	325	Zest aw	720.00	234,000.00
3.6	Izolator sworzniowy z wrzecionem	561	Zest aw	175.00	98,175.00
3.7	100*50*50*2200mm kanał	31	Nos	2,428.80	75,292.80
3.8	100*50*50*(900,300)mm kanał	85	Zest aw	2,250.00	191,250.00
3.9	Usztywnienie kątowe	8	Nos	820.80	6,566.40
3.10	Stężenie krzyżowe M.S.	6	Nos	650.00	3,900.00
3.11	Zestaw stężeń kątowych (kanał 1800mm i 2360mm)	28	Zest aw	5,800.00	162,400.00

3.12	11m Drążek typu składanego	165	Nos	10,100.00	1,666,500.00
3.13	Stay Set	200	Zestaw	2,100.00	420,000.00
3.14	Stay Wire	40	Kg	110.00	4,400.00
3.15	Zacisk i śruba z nakrętką w różnych rozmiarach	1	kwota ryczałtowa	18,742.00	28,142.00
3.16	Bateria SMF	14	Nos	3,515.35	49,214.90
3.17	Grzałka balastowa o różnej wielkości (2,3,5Kw)	6,6,6	Nos	3000	46,200.00
3.18	Różnorodne (kadłub D.O., taśma itp.)	1	kwota ryczałtowa		80,000.00
	Razem z 13% Vat w liniach przesyłowych				4,838,789.60
4	**Instalacja**		kwota ryczałtowa	250200	250,200.00
5	**Części zamienne**		kwota ryczałtowa	271280.32	271280.32
6	**Komunikacja**		kwota ryczałtowa	45500	45500
7	**Wydatki administracyjne**		kwota ryczałtowa	1256596.96	1256596.96
Ogółem					**14,999,135.88**

Źródło (DDC: DEES) Baglung i Nepal Hydro Electric

Załącznik 11 Model finansowy sieci Minigrid

okres życia przyjmuje się za 15 lat							
			Wydatki				
S.Nie	Dochód	Inwestycja	Wynagrodzenie	eksploatacja i konserwacja	Wydatki roczne	Dochód netto	Skumulowane przepływy pieniężne
1	1307166	14,999,136.00	185,000.00	300000	15484136.0	-14176970	-14176970
2	1346381		190550	300000	490550.0	855831	-13321139
3	1386772		196266.5	300000	496266.5	890506	-12430633
4	1428376		202154.495	300000	502154.5	926221	-11504412
5	1471227		208219.1299	300000	508219.1	963008	-10541404
6	1515364		214465.7037	300000	514465.7	1000898	-9540506
7	1560825		220899.6749	300000	520899.7	1039925	-8500582
8	1607649		227526.6651	300000	527526.7	1080123	-7420459
9	1655879		234352.4651	300000	534352.5	1121526	-6298933
10	1705555		241383.039	300000	541383.0	1164172	-5134761
11	1756722		248624.5302	300000	548624.5	1208097	-3926663
12	1809423		256083.2661	300000	556083.3	1253340	-2673323
13	1863706		263765.7641	300000	563765.8	1299940	-1373383
14	1919617		271678.737	300000	571678.7	1347939	-25444
15	1977206		279829.0991	300000	579829.1	1397377	1371933
						1371933	

Stopa dyskontowa	10.00%
Okres życia	15 lat
Wartość bieżąca netto	(5,865,440.11)
IRR	2%
Okres zwrotu kosztów	15.0
Współczynnik B/C	#DIV/0!

Załącznik 12 Obliczenia finansowe z dotacją w wysokości 80 % kosztów kapitałowych

	Dochód	Inwestycja	Wydatki		Wydatki roczne	Dochód netto	Skumulowane przepływy pieniężne	Uwaga
			Wynagrodzenie	Eksploatacja i konserwacja				
1	1307166	2,999,827.20	185,000.00	300000	3484827.2	-2177661	-2177661	
2	1346381		190550	300000	490550.0	855831	-1321830	
3	1386772		196266.5	300000	496266.5	890506	-431324	
4	1428376		202154.495	300000	502154.5	926221	494897	
5	1471227		208219.1299	300000	508219.1	963008	1457904	
6	1515364		214465.7037	300000	514465.7	1000898	2458802	
7	1560825		220899.6749	300000	520899.7	1039925	3498727	
8	1607649		227526.6651	300000	527526.7	1080123	4578850	

9	1655879		234352.4651	300000	534352.5	1121526	5700376	
10	1705555		241383.039	300000	541383.0	1164172	6864548	
11	1756722		248624.5302	300000	548624.5	1208097	8072645	
12	1809423		256083.2661	300000	556083.3	1253340	9325986	
13	1863706		263765.7641	300000	563765.8	1299940	10625926	
14	1919617		271678.737	300000	571678.7	1347939	11973865	
15	1977206		279829.0991	300000	579829.1	1397377	13371241	
		stopa dyskontowa	10%					

Wartość bieżąca netto	5,043,022
IRR	43%
Okres zwrotu kosztów	3.53
Współczynnik B/C	1.68

Załącznik 13 Obliczenie przy zastosowaniu 50 % dopłat do kosztów kapitałowych

1	Dochód	Inwestycja	Wynagrodzenie	Wydatki eksploatacja i konserwacja	Wydatki roczne	Dochód netto	Skumulowane przepływy pieniężne
2	1307166	7,499,568.00	185,000.00	300000	7984568.0	-6677402	-6677402
3	1346381		190550	300000	490550.0	855831	-5821571
4	1386772		196266.5	300000	496266.5	890506	-4931065
5	1428376		202154.495	300000	502154.5	926221	-4004844
6	1471227		208219.1299	300000	508219.1	963008	-3041836
7	1515364		214465.7037	300000	514465.7	1000898	-2040938
8	1560825		220899.6749	300000	520899.7	1039925	-1001014
9	1607649		227526.6651	300000	527526.7	1080123	79109
10	1655879		234352.4651	300000	534352.5	1121526	1200635
11	1705555		241383.039	300000	541383.0	1164172	2364807
12	1756722		248624.5302	300000	548624.5	1208097	3572905
13	1809423		256083.2661	300000	556083.3	1253340	4826245
14	1863706		263765.7641	300000	563765.8	1299940	6126185
15	1919617		271678.737	300000	571678.7	1347939	7474124
			279829.0991	300000	579829.1	1397377	8871501

Wartość bieżąca netto	952,348.98
IRR	16%
Okres zwrotu kosztów	7,08 roku
Współczynnik B/C	1.2

Załącznik 14 Fotografie

11 KV transmission Line

Printed by Books on Demand GmbH, Norderstedt / Germany